大英自然历史博物馆

# 岩石与矿物

[英] 克里斯・佩兰特（Chris Pellant）
[英] 海伦・佩兰特（Helen Pellant） 著

王冠群 译

江苏凤凰科学技术出版社・南京

江苏省版权局著作权合同登记 图字：10-2021-365

**图书在版编目（CIP）数据**

大英自然历史博物馆：岩石与矿物 /（英）克里斯·佩兰特，（英）海伦·佩兰特著；王冠群译 . — 南京：江苏凤凰科学技术出版社，2023.9（2025.1 重印）
ISBN 978-7-5713-3573-1

Ⅰ . ①大… Ⅱ . ①克… ②海… ③王… Ⅲ . ①岩石 - 普及读物②矿物 - 普及读物 Ⅳ . ① P583-49 ② P57-49

中国国家版本馆 CIP 数据核字 (2023) 第 091487 号

**大英自然历史博物馆：岩石与矿物**

| | |
|---|---|
| **著　　者** | [ 英 ] 克里斯 · 佩兰特（Chris Pellant）<br>[ 英 ] 海伦 · 佩兰特（Helen Pellant） |
| **译　　者** | 王冠群 |
| **责任编辑** | 沙玲玲　张　程 |
| **责任校对** | 仲　敏 |
| **责任监制** | 刘文洋 |
| **出版发行** | 江苏凤凰科学技术出版社 |
| **出版社地址** | 南京市湖南路 1 号 A 楼，邮编：210009 |
| **出版社网址** | http://www.pspress.cn |
| **印　　刷** | 南京海兴印务有限公司 |
| **开　　本** | 880 mm × 1 230 mm　1/32 |
| **印　　张** | 7.625 |
| **字　　数** | 230 000 |
| **版　　次** | 2023 年 9 月第 1 版 |
| **印　　次** | 2025 年 1 月第 5 次印刷 |
| **标准书号** | ISBN 978-7-5713-3573-1 |
| **定　　价** | 46.00 元 |

图书如有印装质量问题，可随时向我社印务部调换。

THE NATURAL HISTORY MUSEUM BOOK OF

# ROCKS & MINERALS

A CONCISE REFERENCE GUIDE

# 前 言

*岩石和矿物是地壳中基础的组成物质，这本书讲述了两者的形成方式和特性。每种矿物和岩石都配有图片和文字说明，有助于读者日后识别。*

地球上的地形、地貌、岩石的类型与其受到的风化作用和侵蚀作用有关。一些岩石比另一些岩石更抗风化和侵蚀，比如变质岩中的片麻岩和火成岩中的玄武岩，在风化作用下表现得更为坚固；相反，具有分层特性和颗粒胶结体系的石灰岩则更加容易被化学风化，这也造就了洞穴系统等独特地貌。

岩石被用作建筑材料已经有上千年的历史。板岩因为其劈理能成为薄片状而被用作屋顶材料，黏土岩被用来制作砖和瓦，石灰岩被用来生产水泥，一些像花岗岩、大理岩和歪碱正长岩这些比较好看的岩石则被用来装饰建筑外立面。

砂岩是一种空隙较多的岩石，经常作为含水层容纳丰富的地下水，同时能保存石油和天然气。岩盐则给化学和食品生产业提供了原料。煤炭作为工业革命的动力资源，时至今日依然在世界上被广泛使用，但是这种做法正在逐渐减少，因为化石燃料的燃烧是全球变暖的原因之一。

在日常生活中极为重要，并在各个领域都要用到的金属则来源于矿物。磁铁矿、赤铁矿、闪锌矿、方铅矿、黄铜矿和锡石都是极具价值的矿物。核工业需要在沥青铀矿中找到铀。现代化的小型电池所需要的锂，则主要从锂辉石中获得。石膏被用来制造石膏板，萤石被用作熔炼钢铁的助溶剂，杂卤石则是一种重要的肥料。

很多矿物都有着精美的晶体结构和美丽的颜色，使得它们值得被收藏。个人去户外采集也会有概率将它们收入囊中，矿井和采石场的废石堆就是一些很容易发现和观察标本的地方。通过使用工具书、地图和网络能够精确地定位目标地点。在前往一些私人领地的时候需要提前得到许可。个人安全也非常重要，最起码也要戴一顶安全帽防止落石的伤害。地质锤只应该用来砸已经从岩石上剥落下来的物体。护目镜可以保护眼睛不被飞溅的岩屑所伤。要注意不要在一个地方采集过多的标本，标本在带走前需要包好。做好标本发现地的详细记录也非常重要，缺乏地点记录的标本几乎没有科研价值。在标本成为收藏品之前，它们需要被非常仔细地清理以及贴上标签，并进行详细归类。

# 目 录



左页图 硅孔雀石，来自墨西哥恰帕斯州圣达菲矿场

# 岩石概论

岩石是矿物和矿物颗粒的集合体。通常仅需要少量种类的矿物就可以组成岩石。不论是坚硬的水晶石、松软的沙，还是柔软和富有黏性的黏土，都是岩石。岩石的矿物学特征直观地反映了它形成的方式和地点。岩石学家不仅要研究岩石的形成过程，还要研究它的形成序列。

根据岩石的来源和特点，它们主要被分为三大类，这种分类帮助我们理解和定义不同的岩石。但同时也可能会有一些重叠的部分。火成岩、变质岩和沉积岩成岩的周期各不相同。火成岩主要是由熔融的岩浆或者熔岩在地壳内部或者表面的凝固而形成。当这些岩石被风化和侵蚀后，其剥蚀产生的物质重新沉积形成沉积岩。火成岩和沉积岩都可以在高温（一般和岩浆有关）和高压以及其他板块构造运动带来的影响下发生变质作用成为变质岩。这些岩石在被埋藏后，都可以在高温下重新熔融并开始新一轮的循环。

左页图　伟晶岩，来自印度科达玛

# 火成岩

## 组成

火成岩的成分取决于岩浆冷却前的类型和形成的地点。来自地壳深处和上地幔的岩浆成岩后往往有着较低的二氧化硅含量，这类岩石一般出现在海洋区域这种地壳比较薄的地方，被称为基性岩。在较厚的大陆地壳中的岩浆往往有着较高的二氧化硅含量，它们形成酸性岩。虽然基性和酸性的名字来自化学，但在地质学中则代表了岩石中二氧化硅含量的高低。一般来讲，酸性岩二氧化硅含量超过 65% 并且石英含量超过 20%。基性岩二氧化硅含量则为 45% ~ 52%，石英含量一般低于 10%。中性岩的二氧化硅含量在两者之间。超基性岩的二氧化硅含量则少于 45%。火成岩一般很少形成重要的矿物，以硅酸盐矿物为主。酸性岩富含长石、云母、角闪

下图　冰岛辛格韦德利国家公园的环形熔岩流露头，此地在北美板块和欧洲板块张裂运动形成的大西洋分裂带上，因为板块运动经常发生地震和熔岩喷发

石和石英。基性岩则主要由长石、辉石和橄榄石组成。酸性岩一般颜色偏浅，比重大概为 2.6；基性岩则颜色更深，比重更高，为 3.2 左右；中性岩的比重在基性岩和酸性岩之间；超基性岩主要由暗色铁镁矿物如辉石和橄榄石组成，所以比重很高，达到 3.5。

## 粒度、结构和构造

火成岩的粒度大小取决于它的冷却过程。如果岩浆在深地层缓慢冷却，会形成岩基这种大型岩体，矿物晶体就可以有相当长的时间去发育。一些岩基可能需要几百万年才能形成。在这种岩体里，晶体尺寸可以超过 5 毫米，这些岩石被称为粗粒岩。

如果岩浆形成诸如岩床和岩脉这样的结构，说明其冷却速度更快，形成的岩石晶体比一般晶体尺寸（0.5 ~ 5 毫米）更小，这些岩石被称为中粒岩。熔岩的凝固速度很快，因为它们被挤压到温度较低的地表，有时出现在水下，所以晶体尺寸会更小，甚至在十倍放大镜下也看不到。这些晶粒往往小于 0.5 毫米，这些岩石被称为细粒岩。

岩石的结构和其所含颗粒的大小、形状以及在岩石中的位置有关，比如当岩浆缓慢冷却时产生自形晶（晶体发育完整），快速冷却时则产生他形晶（晶体形状发育不好）。等粒岩石一般含有相似尺寸的晶体，岩石的斑状结构则是相对大的晶体嵌入细粒基质中形成的。这是因为岩浆在熔融状态下保持一定的温度让相对大的晶体率先形成，剩下的岩浆则在快速冷却的过程中形成细粒基质，就形成了这样的斑状结构。还有很多其他的结构也很有意思：嵌晶结构就是相对较大的晶体里面嵌着一个较小的其他矿物晶体；辉绿结构在诸如辉长岩这样的基性岩中很常见，这是一种辉石晶体被大量斜长石晶体包裹的结构。

火成岩的构造特征能在野外被观察到，也可以从手标本上看出来。熔岩经常包含最初熔融状态时产生的气泡痕迹，这些小而圆的孔洞被称为气孔。气孔中很容易发生矿化反应。当气泡结构被填满时被称为杏仁构造，这种熔岩也被称为杏仁状熔岩。熔岩和一些侵入岩具有流纹构造。大量被包裹进去的岩石，组成成分和其围岩不同，称为捕虏体，它们在侵入体的边缘很常见，代表了被入侵的围岩碎片被入侵岩浆捕获的过程。还有一种大规模的构造叫柱状解理，常见于一些熔岩和小型侵入体中，其在冷却表面呈现直角结构。岩脉是一种穿过原岩的小规模不整合侵入构造。柱状节理在岩脉中一般呈水平状。岩床是按照已有结构诸如沉积层理相对整合的侵入构造，所形成的柱状节理就像熔岩流里的一样，倾向于垂直结构。

## 变质岩

变质岩是因为受到地壳内部和地表的各种作用影响，从而改变了它们的原始状态而形成的。变质岩与它们变质前的原岩有着完全不同的特征。变质作用是由高温、高压、热液影响或者上述综合因素所形成的。由于固体岩石不会发生熔融和蚀变，所以其中的矿物成分往往不同于在液态岩浆中形成的火成岩。变质岩主要有三个大类，分别是区域变质岩、热接触变质岩和动力变质岩。

### 区域变质作用

板块构造学说认为板块运动会产生山脉。预先形成的岩石承受了压力、温度以及造山运动中褶皱作用的影响，从而产生区域变质作用。顾名思义，这种形式的变质作用发生在很广阔的区域内。区域变质作用也分不同的等级，不过不同等级之间常常难以区分。温度和压力是区域变质作用的重要影响因素，温度通常会随深度增加达到 150 ~ 800 摄氏度，压力也会随着深度和折叠挤压程度的增加而增加。

低级区域变质作用一般发生在不是很深的地壳中，压力没有那么大，温度影响很小。仅有诸如页岩、黏土岩和火山凝灰岩能很容易在这个等级的环境中发生变质。

这些岩石经过变质作用形成板岩，其主要特点就是板劈理。这是一种和变质作用相关的压力所形成的构造特征，其对原岩中的微小矿物颗粒（尤其像云母这样的片状矿物）产生影响，使这些颗粒均匀排列；这让板岩具有一种典型的劈理方式，能够让岩石很容易沿着劈理面断裂。板劈理通常与最大压力方向成直角。可以在其中很容易地观察到变质前的原岩特征，如层面和化石（可能被拉伸和扭曲）。

中级区域变质作用比低级区域变质作用影响的岩石种类更多，这是因为其更为极端的环境条件。中级区域变质作用的环境温度更高、压力也更大。连板岩都可以被中级区域变质作用再次蚀变，当然某些火成岩和许多沉积岩（包括砂岩和石灰岩）也可以在此环境下发生变质作用。中级区域变质作用形成的岩石在构造上和低级区域变质作用形成的岩石有所不同。区别于板劈理相对平坦的劈理面，它产生了更具波浪状的叶理结构，被称为片理。片岩是典型的中级区域变质岩，其组成颗粒尺寸中等并按叶理面均匀排列，并且不像板岩那样容易破裂。

这个级别的区域变质作用会产生一些新的矿物，比如蓝晶石、石榴石和辉石等。其叶理面上经常能够找到云母，它给岩石带来了独特的光泽。某些原岩的特征（比如层理），也有可能被观察到。

上图　片麻岩露头，来自英国萨瑟兰郡西北部的阿赫梅尔维赫海滩。深浅颜色交替的条带状结构是片麻岩的典型构造

高级区域变质岩是在温度和压力都很高的时候形成的，一般处在造山带的根部。在这个区域绝大部分的岩石都能被区域变质作用改变，花岗岩和其他的火成岩也不例外。在地壳深部的高温热液可以改变岩石的化学成分，使得其在高级区域变质作用影响下变得具有塑性。这个级别具有代表性的变质岩是片麻岩，它具有一种不同矿物被明显分离成明暗相间条带的独特结构，浅色条带富含石英和长石，暗色条带则含有黑云母、辉石和闪石。眼球状片麻岩内的矿物则在条带上呈现圆形分布。在高级区域变质作用的环境下，岩石可能会被熔化形成岩浆。片麻岩和其他高级区域变质岩通常岩石年龄很大，许多前寒武时期就形成的陆壳（比如加拿大地盾），就由这些岩石组成。

### 热接触变质作用

极端温度是这一类变质作用的主导因素。岩浆的温度可以超过 1 000 摄氏度，可以改变所有与之接触的岩石。这种变化通常是矿物性的，但也可能是构造性的。重结晶作用通常伴随着新矿物的加入而发生。沉积岩（如砂岩和石灰岩）经过重结晶作用转变成变质岩（如石英岩和大理岩）。板岩可能会失去其劈理，变成坚硬、无结构的角页岩，甚至层理和其他沉积特征也会被重结晶作用抹去。原始岩石中的杂质可能会变成新的矿物，比如大理岩就经常含有水镁石和透辉石。

由于热接触变质作用而改变的火成岩体周围的区域被称为热接触变质圈，根据入侵规模和岩浆类型的不同会呈现出迥异的范围。在热接触变质圈外围，变质的岩石逐渐被未变质的围岩所取代。当大型的火成岩（如花岗岩岩基）侵入时，靠近岩浆的温度可能高达 700 摄氏度，但在距岩浆体 4 千米处，温度可能降至 350 摄氏度。花岗质岩浆可能需要数千年，或者在极端情况下，需要数百万年才能固结。这种类型的岩浆和高温热液有关，可以使得围岩的化学成分发生增减变化。而较小的侵入体，如岩脉和岩床，往往具有较窄的热接触变质圈。熔岩流在其经过的岩石上产生热接触变质作用。在野外，即使它们可能由非常相似的岩石组成，熔岩流也可以与岩床区别开来，因为它的热接触变质圈只存在于一侧，而岩床的热接触变质圈存在于两侧。

### 动力变质作用

这一类变质作用比较有局限性，不像热接触变质作用和区域变质作用那样普遍。它和大规模的断层运动有关，推力作用导致大量岩石沿着低角度断层面移动。岩体可能沿这些平面移动几万米，导致较老的岩石覆盖到较年轻的岩石之上。在断层面附近，岩石破碎时，发生动力变质作用，形成糜棱岩。糜棱岩是一种具有条纹状特征的岩石，它有细粒的基质，其中包含更大、更抗压的碎片形成的斑状变晶结构。

## 沉积岩

沉积岩通常形成于地表，因此，它们的形成过程可以很容易被研究和理解。大部分是由于风化和侵蚀作用产生沉积碎屑，再由水、冰川和风搬运后，在水里或者干燥陆地的环境下最终沉积下来。其中一些沉积物是生物碎屑，另一些则是化学沉积物。沉积岩具有层理这种独特构造，其层理面将不同岩层区分开来，使得它们与火成岩和变质岩有着明显的区别。此外，还有大量其他沉积构造，包括交错层理、粒级层理、波痕等。沉积岩里经常包含化石。这些化石提供了演化信息，同时对于确定地层的年龄和对比地层非常有用。

沉积岩以其组成颗粒的形状和尺寸进行分类，颗粒在搬运的过程中会被磨圆，但是在不同的环境条件下也可能形成多棱角状。例如，粗粒砾岩和角砾岩之间的主要区别在于，粗粒砾岩（通常是水环境沉积的）具有磨圆的颗粒，而角砾岩中的颗粒（可能是陆地上形成的碎石沉积）具有多棱

上图　在英国彭布罗克郡的绿桥，一种被海浪作用剥蚀的石灰岩拱形构造，其沉积层向内陆倾斜

角状。沉积岩中的颗粒在被侵蚀和搬运的过程中被分选。分选性是指颗粒的粗细均匀程度；颗粒大小均匀的沉积物分选性好，颗粒大小混杂的沉积物分选性差。

松散沉积物可能以多种方式固结成岩。这可能发生在地壳浅层，并不涉及高温和高压。富含化学物质的流体（包括滞留的海水），可以渗入沉积物，沉积成方解石和石英等胶结矿物，将颗粒黏合在一起。沉积层的重量导致颗粒边缘溶解和压实，这两个过程都可去除孔隙空间并进一步固结成岩。除了使颗粒更紧密地结合在一起，覆盖地层的重量也有助于清除颗粒间的液体。由于孔隙空间和液体的减少，通过掩埋压实，沉积物的厚度可以减少 80%。这在黏土转变为页岩这种细颗粒沉积岩中最为明显。

## 碎屑沉积岩

碎屑沉积岩基本上是由风化、侵蚀、运输和沉积等作用形成的。风化作用和侵蚀作用经常很难区分，但实际上他们区别很大。风化作用是在岩石原位进行分解破坏，并没有搬运过程参与；雨水的化学风化作用和其弱酸性有关，酸性的产生是雨水从大气中自然吸收二氧化碳形成碳酸所致。当酸雨落在岩石上（特别是富含碳酸钙的岩石）时会引起化学反应，例如，碳酸在石灰岩中与不溶的方解石发生反应，形成碳酸氢钙。这种物质一旦溶于水，就会被水冲走。其他矿物成分也会以类似的过程发生转变，比如花岗岩和其他岩石中的长石就会转变成黏土。风化也可能是机械成因的，包括温度的变化造成岩石中的矿物因膨胀和收缩度不同可能导致的崩解，特别是在岩石已经受到其他风化作用影响的情况下。在高纬度和高海拔地区，反复冻融让岩石裂缝中因形成冰而产生压力，使得岩石分解并落在山坡上产生岩屑堆。生物风化则是由植物和动物造成的，包括植物根系对岩石裂缝的扩张和很多生物的挖掘行为。

侵蚀则是岩石在搬运中的分解方式，其在地表的很多环境中都很常见。风可以侵蚀和搬运岩石碎屑，经常使得沙粒级的颗粒被磨圆，从而和其他更大的陆相沉积碎屑区分开来。其他的过程则和重力造成的剥落和破碎有关，沉积岩离物源区越远，粒径越小。像砾岩和角砾岩这种粗粒岩石通常在其物源区附近形成。而细粒的砂岩和泥岩通常由搬运到海洋中的物质沉积而来，离物源区越远，沉积物可能越成熟。成熟度是一种表示沉积岩中石英丰度的指标。在风化、侵蚀、搬运的过程中，松散的沉积物往往会失去一部分矿物成分，从而使得石英这种抗风化的坚硬矿物呈相对比例上升。沉积岩含有的石英比例越高成熟度越高。长石是另外一种可以作为成熟度参考的矿物，因为这种矿物非常容易被风化，所以像砂岩和长石砂岩这种长石含量超过 25% 的岩石沉积过程很快，一般称为成熟度低。

## 生物沉积岩

生物沉积岩往往含有大量的生物碎屑，通常由腕足动物和软体动物的壳以及珊瑚构成。这些碎屑一般较为破碎，且富含石灰质，也许会含有一些较大的化石。石灰岩在生物沉积岩中很常见，可以根据其主要成分命名，例如珊瑚灰岩和贝壳灰岩。煤炭也是一种由植物形成的生物沉积岩。

## 化学沉积岩

化学沉积岩是由母岩风化产物中的溶解物质通过化学作用沉积而成的。化学沉积岩中常见矿物包括石盐、石膏、钾盐等。某些石灰岩也是由化学作用形成的。鲕粒灰岩中又小又圆的鲕粒就是由碳酸钙沉积形成的。

# 火成岩

火成岩是高温岩浆在地下深处或喷出地表经冷凝固结而成的岩石；按成因主要分为侵入岩和喷出岩。侵入岩由高温岩浆上升到地壳内，经缓慢冷却结晶而形成；按岩体的大小和形状，分为岩基、岩株、岩床、岩盘和岩脉等。喷出岩由火山喷发作用所形成。

## 花岗岩

**成分**　花岗岩是酸性火成岩。这种分类是基于其成分：岩石含有超过 65% 的二氧化硅和超过 10% 的石英（石英含量经常超过 20%，甚至高达 30%）。花岗岩的主要部分由长石、云母和石英组成。石英晶体小并且呈灰色，位于发育较好的长石和云母之间。钾长石含量超过斜长石，黑云母和白云母也可能存在。硅酸盐中的闪石矿物族的角闪石经常出现，副矿物包括绿柱石、电气石、萤石和黄铁矿。所含的矿物使花岗岩比许多其他火成岩颜色更浅。根据岩石中主要长石成分的颜色，花岗岩可以是粉色（含粉色正长石或红色正长石）或白色。如果有很多黑云母或电气石，岩石可能较暗，并有黑色斑点。

上图　含有黑云母的花岗岩，来自英国海峡群岛的泽西岛

**粒度、结构和构造：**花岗岩是由粒径超过 5 毫米的粗粒晶体组成的，不用放大镜就能很容易观察到。

很多时候其粗粒晶体甚至可以比这个半粒径还要大。不同的花岗岩的结构可能有所不同。有些是等粒度的，其组成晶体的大小都差不多。还有些则有斑状构造，这是一种大的晶体（斑晶，通常是长石）嵌在较小晶体构成的岩石基质中的结构，其为花岗岩中的不同矿物在冷却过程中按先后顺序结晶的结果。长石率先形成，并在温度大体保持的情况下使晶体发育变大，然后，剩余岩浆快速冷却，从而包裹住大的长石晶体。如果长石和石英共生，就会产生文象花岗岩。在这种花岗岩中，巨大的长石中含有细长的石英晶体，看上去非常像文字。花岗岩根据其主要的颜色或结构而被命名为粉色花岗岩、白色花岗岩、斑状花岗岩和文象花岗岩。围岩的捕虏体在花岗岩侵入体中很常见，尤其是在侵入边缘附近。

下图 文象花岗岩，来自印度中部省份

**产状：**花岗岩是一种常见的火成岩，通常产生于直径达数千米的大型火成岩侵入体（岩基）中。形成花岗岩的岩浆从地壳深处侵入地壳上部，其侵入体最高的部分距离地表几千米。只有当上覆岩石被侵蚀和风化后，花岗岩才能露出地表。侵入岩倾向于出现在大陆地壳中，通常出现在山脉的根部。许多花岗岩体呈不整合状，与周围岩石（围岩）有不平整的接触面。岩浆的高温经常会在接触部分产

上图 斑状花岗岩包含巨大的正长石斑晶，来自英国坎布里亚郡沙普村

生热接触变质圈。而有些花岗岩块则会展示从火成岩到高级区域变质岩的逐渐变化过程。相对粗粒的构造则是因为岩浆冷却缓慢，可能需要数百万年才能完成。

**花岗伟晶岩**

**成分**　花岗伟晶岩是一种类似于花岗岩的富含二氧化硅的酸性火成岩。它含有超过 10% 的石英和大量长石（通常是正长石，也会有富钠斜长石）。和花岗岩一样，云母在花岗伟晶岩中也是一种常见的矿物。二氧化硅含量超过 65%，使花岗伟晶岩整体呈浅色。其矿物性质多样，其他成分包括角闪石、电气石、黄玉、绿柱石、磷灰石、锂辉石、楣石、金红石和锆石。伟晶岩是所含矿物晶体粗大（主要造岩矿物的粒径可达数厘米，甚至数米）而具伟晶结构的脉岩。伟晶岩的一些类型可根据其所含的重要矿物命名，例如云母伟晶岩、电气石伟晶岩和长石伟晶岩。

**粒度、结构和构造：**花岗伟晶岩的晶体极大，肉眼很容易能看到。这种岩石通常是等粒度结构，但也可能出现斑晶。在一些花岗伟晶岩中甚至发现了长度超过 10 米的晶体。

**产状：**花岗伟晶岩形成于矿脉和小型的岩脉侵入体中，通常出现在较大花岗岩块边缘附近。这种环境下，岩浆结晶后期的剩余热液冷却速度很慢，使花岗伟晶岩有足够的时间形成大晶体。这些热液中还含有稀有矿物所形成的化学物质。所以花岗伟晶岩以其所含形态良好的精美矿物晶体闻名。

左图　花岗伟晶岩，来自印度科达玛

## 微粒花岗岩

**成分** 一种酸性火成岩，二氧化硅含量超过 65%，石英含量超过 10%。正长石、微斜长、白云母、黑云母等矿物使微粒花岗岩整体颜色偏浅；而粉红色正长石，可以使微粒花岗岩呈粉红色。

右图 微粒花岗岩，来自英国康沃尔郡

**粒度、结构和构造：**微粒花岗岩是一种粒度为中粒的火成岩，其组成晶体粒径通常为 0.5 ~ 5 毫米。所以当研究此类岩石的矿物性质时，放大镜是非常有用的。微粒花岗岩通常为等粒结构，有大量互相交织的自形晶，但具有斑状微粒的花岗岩（如石英斑岩）也很有名。这种岩石中的斑晶通常是浅色长石。

**产状：**微粒花岗岩形成于如岩脉和岩床这种小型侵入体中，以及在较大火成岩体快速冷却边缘的周围。

## 流纹岩

**成分** 这是一种酸性喷出岩，整体成分与花岗岩相似，也含有超过 65% 的二氧化硅和超过 10% 的石英。其中钾长石比斜长石更为常见，当然也含有云母。由于熔岩的快速冷却，火山玻璃很常见。流纹岩常呈紫红色、紫色、灰黑色等颜色。

下图 流纹岩，来自英国北爱尔兰安特里姆

**粒度、结构和构造：**流纹岩的粒度非常细（颗粒粒径小于 0.5 毫米），因此观察矿物成分时，放大镜是必不可少的。因为有时岩石冷却速度极快，

所以矿物晶体会呈他形粒状结构（矿物颗粒多呈不规则的形态）。即使用显微镜鉴定也很困难，尤其是岩石中有很多火山玻璃时。由于流纹岩的粒度很细，所以它的外观通常是致密的。黏稠的流纹岩熔岩经常产生流纹构造，这种弯曲和旋转的构造可能会被不同颜色和粒度的带状结构变得更为明显。流纹岩通常有斑状结构，在非常细的基质中有细小的长石斑晶。这些晶体可能遵循流纹构造。流纹岩中有时会有球粒结构，其由辐射的针状长石或石英组成，形成于快速冷却的熔岩中。

**产状：**流纹岩是一种快速冷却的高黏性熔岩形成的火成岩。形成流纹岩的熔岩喷发通常非常剧烈，喷发出来的熔岩只流动很短的距离。熔岩通常在火山口凝固成一个塞子状。流纹岩也可能出现在小型岩脉中。

**黑曜岩和雪花黑曜岩**

**成分**　黑曜岩是一种酸性火成岩，含有高比例的二氧化硅（含量超过65%）。黑曜岩主要由火山玻璃构成，产生玻璃光泽，因此其矿物性质很难被观察到。黑曜岩的化学成分与流纹岩、花岗岩等岩石相同。不同的是黑曜岩的颜色非常深，通常为黑色或深绿色。有些标本中有小型斑晶，通常由长石或石英组成。与黑曜岩相比，雪花黑曜岩所具有漂亮的雪花状白色斑块是识别它的主要依据。这些“雪花”是由脱玻化玻璃和大量的方石英组成。

下图　雪花黑曜岩，来自美国犹他州

**粒度、结构和构造：**即使在显微镜下，都很难观察到黑曜岩中的晶体，因为它是一种玻璃状的岩石。可以观察到的晶体通常是他形的。其主要为等粒度结构，少量为流纹构造。当黑曜岩破裂时，会产生一个非常锋利的断裂面，断裂表面上有弧形（贝壳状）的图案。在古代，黑曜岩因其锋利的断裂面和高硬度被用于制造工具。

**产状：**黑曜岩是火山喷发过程中由黏性较大的酸性熔岩迅速冷凝形成的，由于其冷凝速度过快，晶体无法完全发育。

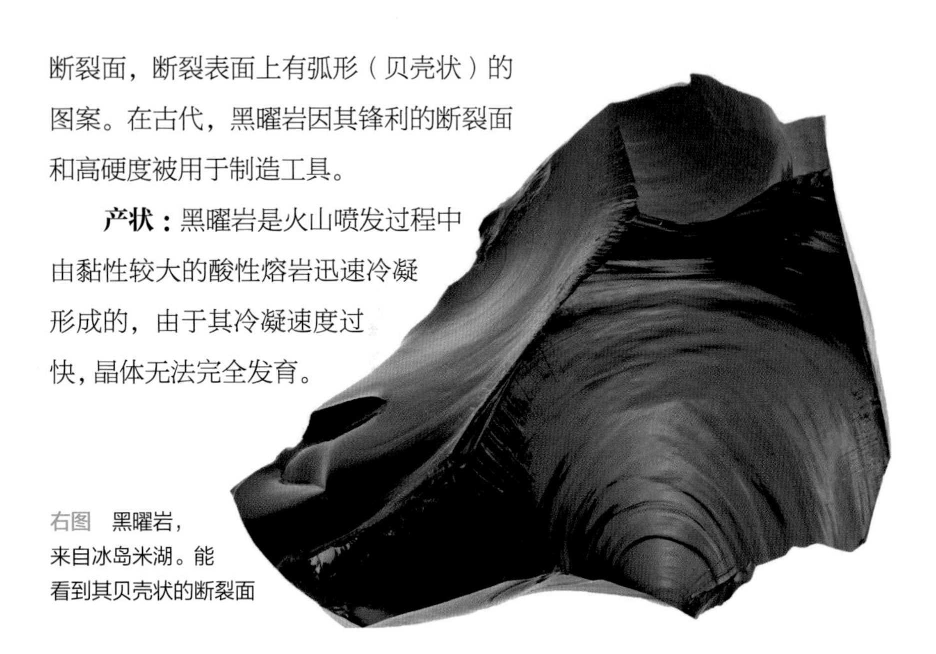

右图　黑曜岩，来自冰岛米湖。能看到其贝壳状的断裂面

**松脂岩**

**成分**　松脂岩是一种酸性的玻璃质岩石，矿物学特征与花岗岩和流纹岩一样。这种特征因其粒度过小而难以观测。松脂岩在成分上与黑曜岩非常相似，区别在于它含水量较多（8% 左右）。松脂岩因其暗淡的、树脂状或沥青状的表面光泽而得名。其颜色通常是褐色或浅绿色

下图　松脂岩，来自英国内赫布里底群岛艾格岛

**粒度、结构和构造：**这种岩石结构为玻璃状，即使是用放大镜也看不到明显的晶体。在显微镜下，松脂岩中能观察到大量的火山玻璃和小的他形晶（晶体粒径小于 0.5 毫米）。它可能含有比黑曜岩更多的结晶物质，并呈现流纹构造。斑晶结构比黑曜岩更常见，主要由长石、辉石和石英组成。

**产状：**和黑曜岩类似，松脂岩通常是由熔岩在流动中快速冷却形成的。它有时会出现在迅速冷却的岩脉和其他小型侵入体中。

## 花岗闪长岩

**成分**　花岗闪长岩的成分与花岗岩相似，但斜长石含量比钾长石更高。岩石成分除石英外，还含有云母、角闪石和辉石，有时还含有少量的副矿物：钛铁矿和磁铁矿。

下图　花岗闪长岩，来自美国

**粒度、结构和构造：**这是一种粗粒岩石，所含晶体粒径超过 5 毫米。晶体倾向于他形，并产生紧密交织的基质。尽管花岗闪长岩是一种浅色为主的岩石，通常比花岗岩颜色稍深，但根据其矿物含量的不同，花岗闪长岩的颜色可以从粉红色到浅灰色不等。

**产状：**花岗闪长岩是常见的深成火成岩之一。它形成于相对较大的侵入体中，包括岩基和岩株。

## 闪长岩

**成分**　闪长岩是一种中性岩，二氧化硅含量为 55% ~ 65%。主要矿物为斜长石、角闪石，很少含有石英。所含矿物使岩石整体呈深色，表面有斑点，以灰色为主。

下图　闪长岩，来自英国海峡群岛泽西岛圣克莱门特教区

**粒度、结构和构造：**这是一种粗粒火成岩，晶体粒径超过 5 毫米。虽然通常为等粒结构，但它也可以具有斑状结构，含有角闪石或长石斑晶。

捕虏体在闪长岩侵入体中很常见。

**产状：**闪长岩常形成孤立的岩脉、岩瘤和岩株。其可能与酸性的花岗岩、基性的辉长岩伴生，并可与这些岩石的侵入体结合在一起。

### 正长岩

**成分** 正长岩是一种不常见的中性岩，二氧化硅含量为 55% ~ 65%，正长岩可能含有高达 20% 的石英，但通常情况下含量很少。主要矿物为碱性长石（以正长石为主）、含钠斜长石、黑云母、闪石和辉石。副矿物包括榍石、锆石和磷灰石。当霞石在岩石中含量较多时，可以称为霞石正长岩。这种矿物组成使岩石整体呈浅灰色或玫瑰色。

**粒度、结构和构造：**正长岩是一种粗粒岩，虽然它可能具有斑状结构，但是通常为等粒结构。岩石中小的孔洞比较常见。有时会发现伟晶质的正长岩（粒径非常大）。

**产状：**这种火成岩与花岗岩非常相似，但不太常见。它形成于岩株和岩脉等侵入体中。正长岩的侵入体很少像花岗岩的侵入体那么大，可以按其大小逐渐分级。

下图 霞石正长岩，来自挪威拉尔维克

### 安山岩

**成分** 安山岩是一种中性火成岩，含有 55% ~ 65% 的二氧化硅，含有大量斜长石、辉石、闪石和黑云母。安山岩一般为灰黑色、灰绿色、棕色。在矿物特征上，它与正长岩、闪长岩都非常相似。

下图 安山岩，来自墨西哥伊斯塔西瓦特尔

**粒度、结构和构造：**安山岩是一种细粒岩，晶体粒径小于 0.5 毫米。它可能含有玻璃状的、由快速冷却形成的组分。许多安山岩呈现斑状结构，含有长石、辉石和闪石斑晶。这些晶体以自形晶体的形式镶嵌在岩石的细粒基质中。而这些基质由类似的矿物组成。安山岩也可以有气孔构造或杏仁构造，由原始熔岩中的气泡形成的孔洞要么是空的，要么被填满形成包括沸石在内的杏仁状矿物。流纹构造并不罕见，可能含捕虏体，是原始熔岩所捕获的岩石碎片。

**产状：**安山岩是一种常见的由熔岩流和其他火山构造中的熔岩凝固而成的火成岩，也会形成于小型侵入体（如岩脉）中。尽管安山岩的产生和剧烈性的喷发有关，但它经常会与其他类型的火成岩（尤其是玄武岩）共生。

### 粗面岩

**成分** 这是一种二氧化硅含量为 55% ~ 65% 的中性岩。岩石中所含长石是富含钾或钠的碱性长石。可能有少量石英（少于 10%）。除了长石，还含有辉石、闪石和黑云母。成分与粗粒正长岩相似。矿物组成使得岩石整体呈现浅灰色、浅黄灰色或粉红色。

下图 粗面岩，来自大西洋

**粒度、结构和构造：**粗面岩是一种细粒喷出岩，其基质的晶体粒径小于 0.5 毫米。大多数粗面岩具有斑状结构，含有小的自形斑晶，主要成分为长石。流纹构造在粗面岩中很常见，平行的条带状分布的长石晶体在较大的斑晶周围弯曲时产生粗面结构。这种结构有时可能太小以至于肉眼无法观察到。

**产状：**粗面岩既可以形成于冷却的熔岩中，也可以出现在岩脉和岩床等较小的侵入体中。它通常与分布更广泛和更常见的玄武岩伴生。

## 辉长岩

**成分** 辉长岩是一种二氧化硅含量在 45% ~ 55% 之间的基性岩。辉长岩的矿物成分主要为单斜辉石和基性斜长石，其次为斜方辉石、角闪石、橄榄石等。其副矿物有磷灰石、钛铁矿等。辉长岩整体呈现斑点状，颜色深浅取决于浅色长石和通常为黑色或绿色的深色辉石谁的含量更高。

下图 辉长岩，来自波兰西里西亚省

左图 呈鸟眼构造的辉长岩，来自英国海峡群岛根西岛圣彼得港

**粒度、结构和构造：**辉长岩为粗粒岩，晶体粒径超过 5 毫米。通常为等粒结构，斑状结构不常见。辉长岩中的一种常见结构是单个斜长石晶体被辉石包裹（辉绿结构）。层状构造也很常见，暗色岩层与浅色岩层交替出现；其中暗色岩层富含辉石，浅色岩层则以长石为主。这种构造可以是小规模的，每层几厘米；也可以是大面积的，每层厚度超过一米。这些层状构造与辉长岩岩浆侵入及其冷却过程有关。

**产状：**辉长岩产于岩脉、岩床以及大型侵入岩岩株中。

### 辉绿岩

**成分**　辉绿岩是基性岩，二氧化硅含量在 45% ~ 55% 之间，石英含量低于 10%。辉绿岩由两种主要矿物组成：斜长石和辉石。也含有少量橄榄石、角闪石、黑云母和磁铁矿。辉绿岩具有辉绿结构，有橄榄辉绿岩、石英辉绿岩等种属。

下图　辉绿岩，来自英国萨瑟兰郡斯考里

**粒度、结构和构造：**辉绿岩是一种中粒岩，其晶体粒径在 0.5 ~ 5 毫米之间。其晶体是自形的，但需要显微镜才能看到它们。所含长石斑晶可能使辉绿岩具有斑状结构。有时可能出现斜长石被辉石包裹的辉绿结构。辉绿岩侵入体可能表现出柱状节理，尽管这种节理很少像熔岩流中那样形成良好。在垂直岩脉中，这种结构是水平的；而在岩床中，则是垂直的。

**产状：**辉绿岩是小型火成侵入体（如岩脉和岩床）中常见的岩石类型。在许多地区，如英国西部的内赫布里底群岛，密集的岩脉构成了大部分地壳，并从火山中心向外放射。由于辉绿岩是一种非常抗风化的岩石，这些岩脉通常形成横穿地貌的山脊。

## 玄武岩

**成分** 玄武岩是基性火成岩，总体成分与辉长岩相似，玄武岩中含有约 50% 的斜长石（通常富含钙）和 50% 的辉石。可能会含有橄榄石，也可能含有磁铁矿和少量石英。不同的矿物（包括沸石、方解石、石英和玉髓）出现在气孔中，形成杏仁构造，它们的结构可以是同心带状。玄武岩是一种颜色非常深的岩石，通常接近黑色，但也可能有绿色色泽。

下图 绳状玄武岩，来自美国夏威夷

**粒度、结构和构造：** 玄武岩是一种细粒岩，即使使用十倍放大镜，也很难看到其组成晶体。单个晶体的粒径小于 0.5 毫米，可以是自形的或他形的。斑状结构在玄武岩中很常见，细粒基质中含有斜长石、橄榄石和辉石组成的斑晶。气孔构造和杏仁构造都很常

下图 多孔状玄武岩，可能产自冰岛

见。在宏观呈现上，玄武岩常表现出壮丽的柱状节理。因为玄武岩熔岩流流动性很强，所以玄武岩分布广泛。在水下喷发形成的圆形结构被称为枕状熔岩。这是因为外层的熔岩先凝固并包住里面的熔岩，而里面流动性的熔融岩石则在凝固前不断填充形成这种枕状的构造。玄武岩熔岩流和熔岩块可以表现出不同的表面结构。熔岩流有一种称为绳状熔岩的表面结构，也可以有一种称为渣块熔岩的块状表面结构。这些原本是夏威夷语的单词现在成了地质学名词。

**产状：**玄武岩形成于熔岩流、岩脉和岩床中。地壳大部分是由玄武岩构成的，因为它覆盖着海底，通常在一层相对较薄的沉积物下面。玄武岩型火山往往高度低、范围广，这是因为这种火山喷发出的熔岩流通常是非爆炸性且可以自由流动的。月球表面主要由玄武岩组成。

### 斜长岩

**成分** 斜长岩是一种含有大量斜长石的基性岩，斜长石含量可能在 90% 以上。其他矿物包括橄榄石、磁铁矿和辉石，但这些含量很少，可以归类为副矿物。其二氧化硅含量小于 55%。斜长岩是一种颜色相对较浅的岩石，通常为灰白色。

下图 斜长岩，来自美国蒙大拿州

**粒度、结构和构造：**斜长岩通常是粗粒岩，晶体粒径超过 5 毫米，但也可以是中粒度的。组成成分的晶体使斜长岩具有自形晶的等粒结构。斜长岩可能会有暗色矿物条带，这些条带显示了长石晶体平行方向分布的特点。同时还可以拥有像辉长岩一样的层状构造。

**产状：**斜长岩是一种侵入岩，产于大型岩基和岩株中，也能在岩脉中形成，通常与辉长岩侵入体有关。它的分布非常广泛，并可能随着辉石和其他铁镁质矿物的增加，形成辉长岩。斜长岩常与区域变质岩共生。

## 歪碱正长岩

**成分** 歪碱正长岩是一种中性火成岩，其成分与正长岩非常相似。二氧化硅含量为 55% ~ 65%。含斜长石、辉石、闪石。副矿物可能包括磷灰石和普通辉石。歪碱正长岩整体呈蓝灰色。

下图 歪碱正长岩，来自挪威西福尔郡

**粒度、结构和构造：**歪碱正长岩是一种粗粒火成岩，自形晶体的粒径超过 5 毫米。长石晶体的长度可能超过 1 厘米。辉石和其他镁铁质矿物可以在岩石基质中形成斑块。

**产状：**歪碱正长岩是一种侵入火成岩，形成于岩脉和岩床等小型侵入体中。

## 纯橄榄岩

**成分** 纯橄榄岩是一种超基性岩，二氧化硅含量低于 45%。这种岩石主要由橄榄石矿物组成，呈现出褐色或绿色。它可以少量辉石和铬铁矿作为副矿物。

下图 纯橄榄岩，来自纳米比亚

**粒度、结构和构造：**纯橄榄岩呈细粒或中粒，晶体粒径为 0.5 ~ 5 毫米，具有等粒度的糖粒结构。

**产状：**纯橄榄岩是橄榄岩的一种，一般形成于地壳深处，是超基性岩的一种。超基性岩可由基性岩浆的沉降和分异作用形成，从而形成具有超基性岩成分的较小岩脉和岩床。纯橄榄岩有时在辉长岩侵入体中以小型岩块的形式出现，代表来自基性岩浆深处的碎片。

**橄榄岩**

**成分**　橄榄岩作为一种超基性岩，二氧化硅含量不到 45%，几乎不含长石。它是一种高密度的深色岩石，富含高比重的铁镁矿物，特别是橄榄石、辉石和角闪石。有时也含铬铁矿和石榴石。当岩石中的红石榴石比例相对较高时，橄榄岩具有漂亮的斑纹外观，被称为石榴石橄榄岩。

**粒度、结构和构造：**橄榄岩呈中粒或粗粒，晶体粒径通常超过 5 毫米。通常为等粒结构，但有时也会出现斑状结构。石榴石橄榄岩可能会有红色或黑色的石榴石斑状晶体，最大粒径为 10 毫米，嵌在通常呈绿色的基质中。

**产状：**橄榄岩是由上地幔中岩浆形成的火成岩。这种岩石通常与基性岩浆有关，常产生在岩脉中以及大型辉长岩侵入体内或其附近的区域。有时作为辉长岩底部的岩层。这是因为在辉长岩岩浆冷却过程中，橄榄石会先开始结晶并由于密度高而开始下沉，在岩浆体底部形成一层橄榄岩的岩层。这种岩石可以在金刚石管中找到，或者在玄武岩熔岩中作为捕虏体存在。这些熔岩起源于地幔，可能深达 100 千米。在高级变质岩中，可能会出现橄榄岩的离散岩块。

右图　橄榄岩，来自大西洋

## 凝灰岩

**成分**　这是一种由多种物质组成的破碎状火山碎屑岩，其形成取决于火山喷发的自然属性。如果喷出的碎屑含有大量结晶物质，则凝灰岩称为结晶凝灰岩。它可能由长石、石英、辉石和闪石组成，也可能含有岩石碎屑（岩屑凝灰岩）。岩石碎屑一般为流纹岩、安山岩、粗面岩等岩石类型。玻璃凝灰岩则含有玻璃状物质和浮石。

下图　凝灰岩，来自美国

**粒度、结构和构造：**凝灰岩是一种细粒岩，其大部分成分（火山灰）的粒径通常都小于 0.5 毫米。一些碎屑（火山砾）粒径可能高达 5 毫米。岩石可以具有斑状结构，在多孔的基质中嵌有一些小的自形晶体。水中沉积的凝灰岩通常具有与沉积岩相似的层理结构。

**产状：**作为一种喷出火成岩，凝灰岩是由火山喷出的较小的碎屑固结而形成的。火山尘和火山灰是其主要组成部分。极细的喷出物可能会被抛到大气中，并伴随着气流四处飘散。火山口附近有厚度最大的凝灰岩沉积。凝灰岩层在地层学上非常有价值，因为单个岩层是在独立和确定的时间范围内沉积，并且分布覆盖范围很广，便于对比。

## 浮石

**成分**　这种岩石通常具有酸性岩成分，与流纹岩和黑曜岩非常相似；然而，中性熔岩和基性熔岩都可以形成浮石。典型的流纹岩浮石含有硅酸盐成分，如长石、铁磁性矿物和玻璃状石英。浮石颜色通常是浅色。

下图　浮石，来自意大利埃奥利群岛

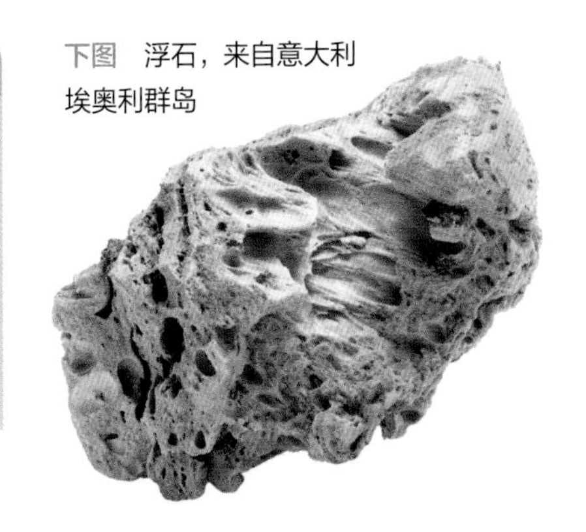

**粒度、结构和构造：**浮石是多孔状喷出岩的统称，状似炉渣，具有质轻、多孔的特点。正是因为这种结构，浮石的比重非常低，通常小于 1.0，能漂浮在水面上。浮石内气孔的排列方式取决于熔岩的流动方向。

**产状：**浮石是一种火山碎屑岩，浮石在充满气体和泡沫的熔岩在水中和陆地上喷出的时候形成。当这种喷发发生在海洋中时，浮石碎屑可能会漂浮一段距离。浮石经常被发现是火山的炽热火山云喷发的结果，炽热的火山云中充满了熔岩滴，沿着火山斜坡高速向下流动。这种喷发形成的熔结凝灰岩，含有许多玻璃状浮石。

### 熔结凝灰岩

**成分**　熔结凝灰岩是火山凝灰岩的一种类型，常含有大量玻璃、长石和云母，其成分通常类似于酸性流纹岩。它还含有小的岩石碎屑和一些发育较好的大块晶体。整体颜色较浅，呈灰色或棕色，风化后变成红色。沉积岩的碎屑可能被包裹在熔结凝灰岩中。

下图　熔结凝灰岩，来自新西兰帕塔鲁鲁

**粒度、结构和构造：**这种岩石所含的碎屑分选较差，通常粒径很小，小于 5 毫米，基质粒度很细，通常由玻璃碎屑构成。流纹构造很常见，与气孔分布相对应，这是一种共融斑状结构，其中玻璃质碎屑因其与熔岩中的气泡有关而呈圆形。熔结凝灰岩是一种具备熔合结构的凝灰岩，通常具有致密的表面。在宏观上，熔结凝灰岩可以形成柱状节理，单个流动构造可能显示出梯度结构，底部为较粗的碎屑，顶部为较细的碎屑。含长石斑晶的斑状结构也不少见。

**产状：**熔结凝灰岩是由炽热的火山气体云、熔岩滴和岩石碎屑形成的沉积物。这样的喷发非常具有爆炸性，弥漫着碎屑物质的火山灰流沿着火山斜坡迅速向下流动。细粒的凝灰岩和火山灰被保存在气体云中，而较大的物质则存在于火山灰流的底部。

**火山弹**

**成分** 火山弹的成分取决于从不同的火山喷发出来的熔岩成分。安山岩火山和玄武岩火山是火山弹的主要来源。因为玄武岩火山的爆炸性要小得多，所以火山弹很少从这些火山中产生。所含矿物包括石英、长石、闪石和辉石。火山弹的颜色通常为浅棕色至深棕色或灰色。

**粒度、结构和构造：**火山弹被归类为集块岩，这一类岩石所含的喷出火山碎屑都超过 5 毫米。在熔融状态下喷出的火山弹有两个主要结构。当熔岩在空气中流动时，它可能会被拉长，当其在下落时会旋转形成纺锤状的火山弹。面包状火山弹外形不规则，表面有许多深裂纹。有一部分裂缝是在表面固结后而熔融的内部仍在膨胀变大所形成的，还有一部分裂缝是因为部分凝固的熔岩块撞击地面时形成的。这种火山弹的粒径可以超过一米。

**产状：**火山弹以熔岩凝块的形式从喷发的火山中喷出。较大的团块碎片（包括火山弹），通常局限在火山口或火山侧面。

上图 球状玄武岩火山弹，来自美国夏威夷基拉韦亚

# 变质岩

这一类岩石由已经形成的岩石通过各种变质作用转变而来：岩浆和熔岩可以加热并转变已有的岩石，从而使其重结晶为新的岩石（热接触变质作用）；地壳深处的高温高压可以直接转变岩石类型（区域变质作用）；大规模的俯冲断层的巨大动力可以动态地粉碎和改变岩石（动力变质作用）。

**板岩**

**成分** 板岩是诸如黏土岩和火山凝灰岩等细粒沉积岩通过低级区域变质作用所形成的。成分主要有石英、云母、绿泥石、长石、石墨和一些黏土矿物。有时也会含有黄铁矿变斑晶，这种立方体状的自形晶会嵌在岩石基质中。板岩根据原岩矿物含量的不同呈现出灰绿、暗红或黑色等不同颜色。

下图 含黄铁矿板岩，来自英国坎布里亚郡

**粒度、结构和构造：**除了其中可能含有的变斑晶外，板岩的颗粒均匀且细腻。基质中的颗粒倾向于他形晶，不过只有借助显微镜才能看得到。板岩以其劈理为特征。这是一种变质作用形成的结构，使得组成颗粒垂直于变质作用压力方向，互相平行整齐排列，并与变质压力方向呈直角。板状劈理使得岩石更容易破解成薄片状，这种构造与变质作用前原岩的层理构造无关，但是原岩的一些结构，比如层理和其他的一些沉积结构依然可以在板岩上观察到，甚至可能含有化石，只不过这些都已经被扭曲变形。

**产状：**板岩一般发现于变质环境不是那么极端的造山带边缘。

### 片岩

**成分** 片岩富含云母，还含有石英、长石。石榴石、蓝晶石和黑云母等矿物也经常会在片岩中被发现，并且会根据其所含比例来命名片岩，比如蓝晶石片岩。这些矿物是变质作用的产物，片岩中包括他形晶和自形晶。因为其含有云母矿物，所以片岩一般呈现银色光泽。片岩的颜色种类很多，有深灰色、浅绿色和褐色。

下图 片岩，来自英国阿伯丁郡

**粒度、结构和构造：**片岩是中级变质岩，大部分矿物用肉眼就能观察到。片岩粒度结构均匀，含石榴石或者十字石变斑晶。片岩的典型结构是明显的薄片状特征（片理）。其矿物成分（比如云母）因为位于其片理表面，而使得这种结构更为明显。云母、石英和长石等不同矿物在岩石中分层分布，角闪石和绿泥石有时会贯穿岩石其中，使得片岩有了亮暗交替的外表，片岩经常呈现褶皱状，并且能够观察到残余的沉积结构。

**产状：**片岩是中级变质作用的产物，形成环境的温度和压力远比板岩的要高。大部分的沉积岩和一些变质岩、火成岩都能够在这种环境下被转变。片岩在褶皱带中心附近最为常见。其中所含的不同矿物表明了不同的变质级：比如富含绿泥石就代表其变质级比含黑云母的要低；而含石榴石片岩变质级更高。

## 千枚岩

**成分**　千枚岩主要由石英和长石组成，其中还含有云母和黏土矿物。绿泥石也是其常见的组成成分，使得千枚岩呈现出浅绿色。云母则使得岩石表面呈现出银色的光泽。千枚岩有时会含有石榴石变斑晶。

下图　千枚岩，来自瑞士

**粒度、结构和构造：**千枚岩是由泥质沉积岩通过区域变质作用所形成的等粒度变质岩。基质组成倾向于他形晶，不过一些自形晶也可以通过显微镜观察到，同时一些石榴石变斑晶也成自形状。虽然不像板岩那么容易被裂解，但千枚岩因在变质作用过程中受到的压力会使其呈现出波浪形的结构，展现一种小型褶皱构造。

**产状：**千枚岩的变质级介于板岩和片岩之间，在褶皱山系的外部区域较为常见，其经常升级成片岩。

## 片麻岩

**成分**　片麻岩主要含有石英、长石和云母，还含有角闪石、辉石、石榴石等其他矿物。片麻岩有时呈现浅白色，但是通常有明显的暗色和亮色的矿物分带。正长石使得岩石呈现一种浅粉色；浅白色的条带是因为富含长石和石英；暗色条带则含有黑云母和角闪石。

下图　石榴石黑云母片麻岩，来自瑞士提契诺州贝林佐纳

**粒度、结构和构造：**片麻岩是一种粗粒岩。所含矿物晶体一般为自形晶，矿物颗粒粒径超过 2 毫米，很容易就能看到，岩石粒度均匀，虽然其

中经常含有变斑晶矿物，比如石榴石。有一种特别的片麻岩叫眼球状片麻岩，有着粒径超过 1 厘米的圆而浅色的石英和长石变斑晶，如黑云母这样的深色组分环绕在它们周围。片麻岩的主要结构特点就是交替浅暗的条带状结构。

**产状：**片麻岩是高级区域变质作用的产物，这个环境下所有类型的岩石都能够被转变。其环境温度和压力都非常极端，只有在很深的地壳中和褶皱山系的中心部分才能产生。就是因为片麻岩的产状非常极端，所以经常很靠近熔融区，并会被转变成花岗岩。

### 混合岩

**成分**　这一类是由暗色的基础岩石和浅色的花岗类岩石混合组成。两种组分都有自己典型的矿物学特征。暗色岩石中可能含有闪石、辉石和黑云母，较浅的部分则由长石、石英和云母组成。

下图　混合岩，来自捷克共和国圣霍拉夫斯基

**粒度、结构和构造：**混合岩是一种具有粒状结构的粗粒岩。所含矿物甚至不需要放大镜就能够观察到，晶体一般为自形晶。可能有片麻岩状的条带构造或者花岗岩质的透镜状和扁豆状晶体，其外观更像片麻岩。大块的如长石和石英的矿物变斑晶很常见。混合岩中常见的褶皱表明此类岩石经历过接近熔融和可塑状态的阶段。有时这种褶皱会呈现极其复杂和高度扭曲的状态，被称为肠状褶皱。

**产状：**这种岩石既包含变质岩成分也有火成岩成分，形成于非常深的高级变质带，也会出现在花岗岩侵入体周边的环带上。这可能由花岗岩侵入前所形成的高级变质岩所形成。

## 榴辉岩

**成分**　榴辉岩由辉石、石榴石等致密磁铁性矿物组成。因为这种矿物组成的二氧化硅含量非常低，所以岩石的化学性质与超基性火成岩非常相似。辉石种类通常是一种绿色的绿辉石，当它也含有红色的石榴石时，这两种颜色产生的斑状外观使得岩石看上去非常漂亮。其中也可能含有角闪石和蓝晶石。

下图　榴辉岩，来自南非好望角

**粒度、结构和构造：**这是一种中粗粒具有粒状结构的岩石，含有自形的石榴石和辉石，晶体粒径超过 5 毫米。这些矿物中较大的变斑晶可能出现在常见的等粒结构中。榴辉岩中的所有晶体都很容易用肉眼观察到。它是一种结晶岩，通常情况下呈块状构造结构，但有时会呈现带状结构。

**产状：**榴辉岩与橄榄岩、蛇纹岩一起形成于地壳深处，那里变质级最高。在其他变质岩中常能发现大量的榴辉岩，加上它密度很高，可能代表榴辉岩来自地壳底部或地幔上部。这种岩石可能是辉长岩等基性火成岩经过高级变质作用的产物。

## 角闪岩

**成分**　这种高级变质岩的主要矿物成分为斜长石和闪石（通常为角闪石、阳起石和透闪石），使得岩石呈绿色。也可能含有石榴石、长石和辉石。这种矿物成分类似于超基性火成岩。

右图　角闪岩，来自瑞士提契诺州贝林佐纳附近

**粒度、结构和构造：**角闪岩是一种中粗粒岩石，主要为等粒结构，但也可能存在石榴石和其他磁铁矿物的变斑晶。岩石可能呈现片理构造。角闪岩中的角闪石矿物常具有针状习性。

**产状：**这种岩石通常是辉绿岩等火成岩经过高级变质作用的产物。在变质后的沉积岩中，常呈现块状，并具有侵入性外观。在片麻岩和片岩中也能发现透镜状和扁豆状的角闪岩。

## 大理岩

**成分**　大理岩主要由方解石或白云石组成，它是石灰岩或白云岩的变质产物。原始石灰石中的任何杂质都可能被转变为其他矿物，因此大理岩中可能含有水镁石、橄榄石、透辉石、硅灰石、透闪石和蛇纹石等矿物。这些矿物会使整体偏浅色的大理岩形成彩色的斑块和纹理。比如水镁石能使岩石形成绿色和蓝色的斑纹。

下图　大理岩，来自西班牙米哈斯

**粒度、结构和构造：**大理岩是一种结晶岩，结构从细到粗都有，外观通常为糖粒状。可以拥有由他形的互相交织的晶体构成的粒状变晶结构。当用显微镜或放大镜观察时，可以看到交织的方解石晶体。原岩的沉积构造（如层理）能否被看到取决于重结晶程度，但是原始石灰岩中的孔隙空间就完全没有了。

**产状：**大理岩是由石灰岩经热接触变质作用或区域变质作用产生的。一般出现在和角页岩有关的热接触变质圈内。因为变质作用在火成岩侵入体附近最剧烈，所以原始石灰岩距离火成岩块越远，大理岩的变质级越低。而当它是由区域变质作用产生时，则与变质石英岩、片岩和千枚岩伴生。

### 蛇纹岩

**成分** 蛇纹岩主要由蛇纹石族矿物组成，如纤蛇纹石（又称温石棉）和叶蛇纹石。它还含有其他铁镁矿物，包括石榴石、闪石和辉石，以及铬铁矿和氧化铁。可能存在残余橄榄石，这使岩石呈深色，通常为绿色或暗灰绿色。蛇纹岩的二氧化硅含量很低。

下图 蛇纹岩，来自美国马萨诸塞州埃塞克斯郡

**粒度、结构和构造：**蛇纹岩是粗粒结晶岩，大多数矿物都可以用肉眼看到。组成晶体通常是自形的，但一般会有较细的中粒度的条带状纹理。

**产状：**蛇纹岩是由火成岩（如橄榄岩和玄武岩）蛇纹石化作用而来。这是一个由加热中和运动中的高温流体引起的变质过程。其发生在地壳深处，可能在很深的海底。蛇纹岩通常是区域变质岩地区内的离散岩块。尽管它们是被蚀变和变质过的岩石，但是一些科学家还是将蛇纹岩归类为火成岩。

### 角页岩

**成分** 角页岩的组成在很大程度上取决于变质前的原岩的矿物性质和产生变质作用的岩浆类型。主要矿物为长石和石英，还有石榴石、黑云母、辉石、堇青石和红柱石。空晶石（红柱石的一种）在一些角页岩中很常见。岩石可能以一种重要的矿物成分命名，例如石榴石角页岩、堇青石角页岩或辉石角页岩。角页岩是一种深色岩石，呈灰色或黑色。

**粒度、结构和构造：**角页岩具有细粒到中粒的等粒结构。这些晶体通常太小，以至于不用放大镜或显微镜就无法辨认。它是一种结晶质岩石，外表坚硬。当岩体中有较大的石榴石或红柱石晶体时，它可能具有粒状变晶结构。空晶石变斑晶表现为薄而浅色的板状晶体，截面呈十字形。

左图　深色角页岩和浅色花岗岩互相接触，来自英国康沃尔郡

**产状：**角页岩是由泥质岩石，特别是页岩和泥岩经热接触变质作用所形成的岩石。在热接触面附近，发生了重结晶作用，越远离接触面，原岩的特征就越多。

斑点板岩与角页岩非常相似，但往往粒度更细，并且有劈理面，与板岩中的劈理面相似，由区域变质作用所形成。它是深色岩石，通常为黑色。典型的深色斑点通常是很小（粒径小于 5 毫米）的红柱石或堇青石斑块。斑点板岩产于热接触变质圈的外部，并在靠近岩浆体的地方转变为角页岩。

### 变质石英岩

**成分**　变质石英岩的石英含量超过 90%，呈浅灰色。可能含有少量磁铁矿、云母和长石。所含铁矿物能使岩石呈粉红色或深色。

下图　变质石英岩，来自英国怀特希尔斯

**粒度、结构和构造：**变质石英岩是一种结晶岩，具有交织的他形石英晶粒，这与变质前的原始砂岩差别很

大，后者含有许多孔隙空间。这种细粒到中粒的岩石可能具有糖粒结构，与大理石很像，但表面坚硬得多，且不会与稀盐酸发生反应。原始的沉积层理结构也可以被观察到。

**产状：**变质石英岩形成于靠近岩浆体的热接触变质圈中，那里拥有极端的加热环境。它是由砂岩被热接触变质作用转变的结果。

**夕卡岩**

**成分**　夕卡岩是一种钙质岩石，主要由钙铝-钙铁榴石、透辉石、透闪石、绿帘石、方解石等组成。其伴生矿石矿物包括方铅矿、闪锌矿、黄铜矿和黄铁矿。夕卡岩中的钼和锰矿物可能含量较大，具有经济开采价值。夕卡岩是一种暗绿或暗褐色的岩石，有很多的灰色、棕色、黑色和绿色斑块。

**粒度、结构和构造：**夕卡岩通常是一种细粒到中粒的岩石，但也有粗粒的特例，这取决于变质环境和原岩的性质。所含晶体通常是自形的，并且可能在岩石中以层状、结核和区域的方式集中分布。

**产状：**夕卡岩通常是花岗质岩浆热接触变质作用的结果，不过中性岩浆也可以形成这种岩石。夕卡岩中的各种矿物由其变质前的石灰岩中的杂质与岩浆中的物质共同形成。

左图　夕卡岩，来自意大利那不勒斯苏玛山

**糜棱岩**

**成分**　糜棱岩的矿物性质非常多变，因为它可能由不同的岩石变质而来。除了变质过程中粉碎的他形晶外，它还含有变质过程中形成的矿物质。它通常是灰色或褐色的，有较浅的条纹。

**粒度、结构和构造：**糜棱岩是一种细粒岩石，由变质过程中粉碎的他形晶组成。通常含有不同矿物的小的透镜体和条纹体，使岩石呈现出轻微的条带状外观。在这些条带弯曲和折叠的地方可能会产生叶理。在变质作用中幸存下来的变斑晶和小岩块通常存在于岩石基质中。

**产状：**这种岩石出现在发生大规模逆冲断层的地方。它是岩石在逆冲面附近移动时被压碎的结果，是动力变质作用的产物。在这种情况下，虽然温度没那么夸张，但是剪切力很强。糜棱岩的形成与造山运动和岩体的相对运动有关。

左图　糜棱岩，来自英国萨瑟兰郡

# 沉积岩

沉积岩产生在地表或靠近地表处。主要分为三类：碎屑沉积岩由来自其他岩石的碎屑组成，生物沉积岩含有生物成因的物质，化学沉积岩则来自无机化学反应过程。大多数沉积岩很容易因为其层理面被识别，其中很多都含有化石。

**砾岩**

**成分**　这种岩石可以含有多种物质。它可能由不同类型的岩石碎屑组成，通常由石英颗粒和其他抵抗侵蚀和风化的矿物结合在一起形成。砾岩的成分通常与产生碎屑区域的岩石有关。这些碎屑颗粒通常存在于砂质、氧化铁、石英或方解石的基质中。砾岩可根据其所含碎屑含量命名，例如当其含有多种岩石碎屑时，被称为复成分砾岩。

下图　赫特福德布丁砾岩，来自英国米德尔塞克斯

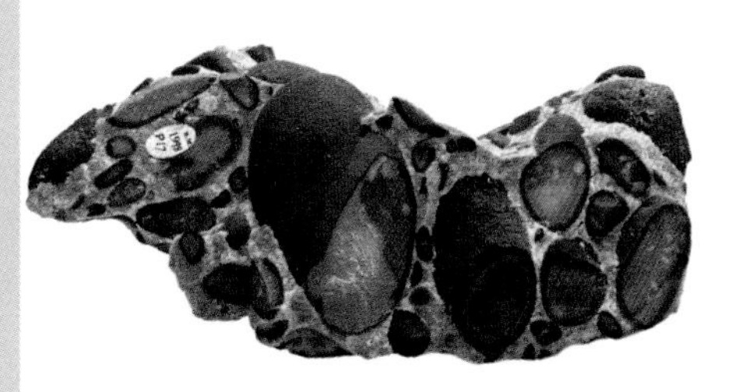

**粒度、结构和构造：**砾岩是一种粗粒岩，大多数颗粒的粒径都超过 5 毫米。可能有许多卵石和巨砾大小的碎屑嵌在更细粒度的基质中。较大的碎屑在从岩源区侵蚀和搬运的过程中被水作用磨圆。尽管所含颗粒可以被排列和分选，但是层理构造却不明显。这种构造通常只在野外可见，除了岩石碎屑内，一般很难发现化石。

**产状：**砾岩可以出现在各种地质情况下。它的形成与高能环境有关，在这种环境下，强大的水动力搬运并形成了大块的碎屑。它会在海岸线沿岸和浅河中形成。砾岩常紧贴在一个不整合面（剥蚀面上下两侧的新、老两套地层间明显有沉积间断且生物演化不连续的一种地层接触面）的上方。这是因为作为基底的砾岩是一套新沉积岩的第一层。这种情况下，砾岩可能是随着海平面上升而形成的海滩沉积。

## 砂岩

**成分**　砂岩所包括的岩石成分不一，但本质上砂岩是一种含有大量石英的岩石，通常含有长石和云母。当岩石中长石含量在 25% 左右时，称为长石砂岩。砂岩呈现灰色、粉色或红色。层理面常可见云母片。一些砂岩含海绿石，使岩石呈绿色。红砂岩则是因为氧化铁（如赤铁矿）的颜色，这些氧化铁可能积聚在石英颗粒表面或间隙中。还有一些砂岩含有方解石作为胶结物。含有大量石英的砂岩被认为是高成熟度的沉积岩，因为在非常多的侵蚀和风化过程后，对此抵抗力较弱的物质都被去除掉了。

下图　红砂岩，来自英国坎布里亚

下图　长石砂岩，来自法国拉波里

**粒度、结构和构造：**砂岩是一种中细粒岩石，通常分选良好，含有大小大致相同的碎屑。当颗粒被水侵蚀和沉积时，其可能是有棱角的，比如粗砂岩。其他类型的砂岩可能有谷粒状颗粒，这些通常与风成沉积有关。这种沉积物常形成于干旱地区。砂岩中常见多种沉积构造，包括层理面、交错层理（由水流或风的运动造成的沉积构造）和波痕。这种构造有助于让地质学家了解沉积环境。有些砂岩含有化石。大多数砂岩结构多孔，使得它们可以在颗粒间容纳液体，形成含水层。

**产状：**砂岩可以在各种地质条件下形成。含有棱角状碎屑的沙粒往往出现在海洋或河流环境中，而圆形颗粒的沙粒则出现在沙漠地区。长石砂岩是一种含大量长石的低成熟度砂岩，因为长石易于风化，所以这种砂岩可能在岩源区附近迅速沉积而成。此类岩石的物源物质通常来自花岗岩或片麻岩。

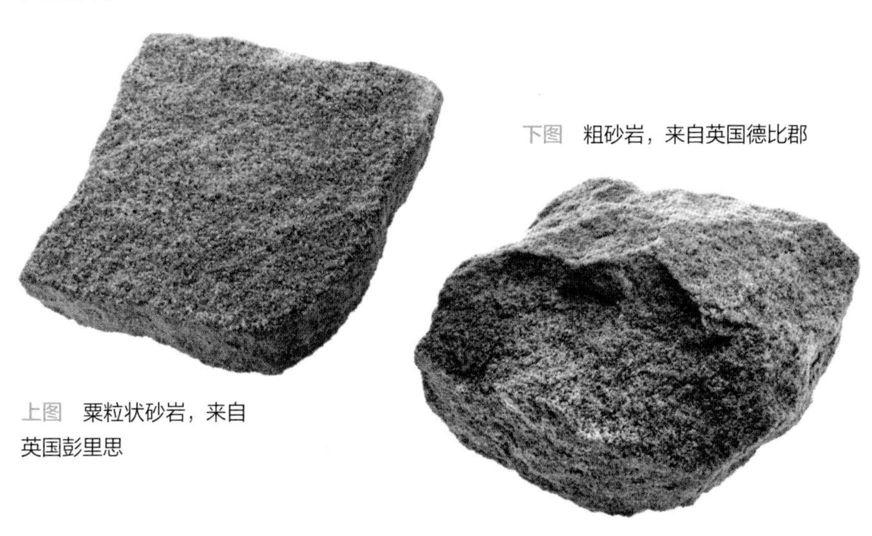

下图 粗砂岩，来自英国德比郡

上图 粟粒状砂岩，来自英国彭里思

**角砾岩**

**成分** 与砾岩一样，角砾岩可以包含来自不同岩石的不同碎屑，也可以由抗侵蚀的成分（如石英）组成。这些碎屑通常保存在由泥质、沙质、石英或方解石组成的较细岩石基质中。

下图 角砾岩，来自阿尔及利亚奥兰

**粒度、结构和构造：**角砾岩是一种粗粒岩石，一般由粒径超过 5 毫米的角状碎屑（与砾岩中的被磨圆的碎屑形成鲜明对比）组成，位于较细的

基质中。这是一种低分选的岩石。大块碎屑的粒径大小区别很大，并且可能在方向上随机排列。在手标本中很少见到层理，但在野外，有时却能在岩石基质中明显观察到。

**产状：**角砾岩形成于机械风化活跃的地方。它是一种干燥条件下的岩石，通常在山坡上或悬崖底部形成碎石堆积物。当断层作用发生时，断层角砾岩就可以沿着断层面形成，在这里岩石会被岩石间运动所粉碎。

**杂砂岩**

**成分**　杂砂岩主要由石英和长石组成，也可含绿泥石和其他岩屑。它是一种深色岩，通常为灰色或绿色。

**粒度、结构和构造：**这种岩石是一种粗粒砂岩，含有许多粒径超过 2 毫米的颗粒。杂砂岩分选较差，粒径变化大。基质为黏土质，比石英和长石碎屑要细腻得多。组分大多是有棱角的。沉积构造在杂砂岩中很常见，尤其是递变层理，在野外则更为明显。岩层的底部粒度相对较粗，逐渐向上分级为黏土大小的碎屑。其他构造则包括底痕和滑陷构造。

**产状：**杂砂岩由浊流沉积生成，浊流是含多量悬移物质的海水顺海底运移的密度流。这些浊流沿着大陆斜坡向下流动，将沉积物带到深水中。当这些沉积物在海床上沉积后，更细的物质继续在顶部堆积，最后沉积下来的沉积物则由悬浮在洋流中的极细粒物质构成。杂砂岩也可以在其他环境中形成，包括三角洲和河漫滩。

右图　杂砂岩，来自智利

## 正石英岩

**成分**　正石英岩是一种砂岩，几乎全部由石英碎屑胶结而成。这种岩石通常石英含量超过 95%。少数含有少量长石和岩石碎屑，使得岩石呈现浅白色。也有灰色和粉红色的正石英岩。

下图　正石英岩，来自南极西部山脉手指山

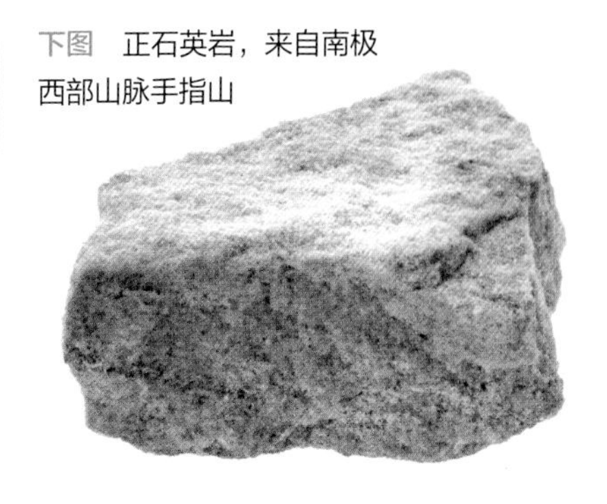

**粒度、结构和构造：**这是一种中等粒度、分选良好的砂岩，所含颗粒由石英胶结物固定，形成坚硬的岩石。正石英岩可能包含各种沉积构造，包括层理。其中交错层理很常见，有时会出现波痕。这种岩石很少含有化石。

**产状：**正石英岩是一种高纯度的石英砂岩。这表明它是在长期的风化和侵蚀过程中形成的，这些过程使得岩石中更容易分解的矿物被移除。一般沉积在海洋环境中。

## 页岩、泥岩

**成分**　这一类相似的岩石由石英、云母和长石以及黏土矿物组成。其他成分包括黄铁矿、方解石、氧化铁和深色的富含碳的物质。黄铁矿可能以较为明显的晶体形式出现在页岩层面上。页岩和泥岩为深色岩石，通常为黑色、深灰色、深绿色、褐色或红色。

下图　泥岩，来自英国伦敦

**粒度、结构和构造：**页岩和泥岩由非常小的颗粒组成，粒径小于 0.005 毫米，肉眼无法看到，甚至很难通过显微镜看到。岩石通常分选良好，颗粒大小基本相同。页岩和泥岩的主要区别是构造差异。页岩层理很细很薄，通常很容易分层。泥岩则缺乏此明显的构造。两种沉积物通常都含有化石，这些化石可能保存在富含铁或方解石的结核或层面上。

**产状：**页岩、泥岩为压实后的黏土。它们通常起源于海洋，其所含化石常用于古生态学研究。之所以它们是非常细粒的岩石，是因为形成它们的沉积物可能是由洋流带入深海的。页岩可与石灰岩、砂岩和煤按顺序沉积。

上图　页岩上的菊石化石，来自英国北约克郡惠特比

### 粉砂岩

**成分**　粉砂岩主要含有大量石英，同时还含有云母（容易在层面上看到）和长石。这种岩石通常含有有机物质和将其胶结固定的方解石。黏土矿物含量比页岩和泥岩少。粉砂岩通常为深色，可能为黑色、灰色和棕色；当存在褐铁矿时，呈现淡黄色。

下图　条带状粉砂岩，来自英国北约克郡

**粒度、结构和构造：**该岩石的粒度略粗于页岩和泥岩，但单个的他形晶粒很难用肉眼看到，通常需要借助十倍放大镜。粉砂岩经常能表现出层理和其他构造，如交错层理和波痕。粒度和矿物学的变化可能会让分层更为明显。粉砂岩可能含有大量化石。钙质或富铁质结核很常见，通常沿层面分布。

**产状：**粉砂岩是粉沙级沉积物压实的结果，这些沉积物可能在许多不同的环境中被积聚。粒度介于页岩和细砂岩之间。岩石中的所含化石和沉积结构都有助于确定其来源，可能来自海洋或淡水。

**黏土、泥灰岩**

**成分**　黏土中含有高比例的黏土矿物，通常为高岭石、伊利石和蒙脱石。这些矿物通常是由长石在化学风化或热液的影响下转变而来。也可能含石英、长石和云母，以及赤铁矿和褐铁矿等含铁矿物，它们使岩石呈淡红色或淡黄色，但是通常黏土呈浅灰色。黏土中可能存在方解石。当方解石的百分比相对较高（40%～60%）时，这种岩石被称为泥灰岩。这种石灰质的岩石分类介于石灰岩和黏土之间。如果泥灰岩中含有海绿石，则泥灰岩呈绿色，而红色泥灰岩则是因为其中含氧化铁。

**粒度、结构和构造：**这是非常细粒的岩石，粒径小于 0.004 毫米，肉眼看不见，只能通过显微镜才能勉强看到。黏土通常呈土状，缺乏层理结构。泥砾是一种与冰川作用有关的沉积物。它由黏土级的细粒岩石粉末组成，含有冰川有关的岩石碎屑，这些岩石碎屑通常呈棱角状。

**产状：**不同的黏土赋存于不同的环境中，富含化石的海洋黏土可能在深水中形成。一些黏土是湖泊沉积物，而另一些则与冰川作用有关。纹泥是一种在冰水湖泊中沉积的拥有季节性交替的深浅分层特性的黏土。浅色的层较厚，代表在一年相对温暖的月份形成，此时的沉积物较多。而较薄的深色层则是在寒冷的季节形成的。瓷土是花岗岩中长石被热液蚀变后的产物。

上图　黏土，来自英国沃里克郡

## 岩盐

**成分**　岩盐主要由矿物石盐组成，其晶体常呈马赛克状互相交织。岩石中还含有碎屑物质，包括黏土矿物、石英和淤泥。杂质常常改变岩石颜色：赤铁矿（氧化铁）会使岩盐呈粉红色或红色，淤泥则使岩石呈灰色，但纯净的岩盐是无色或白色的。

下图　岩盐

**粒度、结构和构造：**这种结晶岩通常具有块状外观，并且可能具有糖粒结构。经常可以看到立方的石盐晶体。通常没有层理，但如果存在层理则可能出现被扭曲的外形，因为岩盐可以在压力下流动。

**产状：**岩盐通常与其他蒸发岩（如石膏和杂卤石盐）一起按序沉积，与页岩和泥灰岩岩层交错。当海洋潟湖干涸，水中所含盐结晶时，就会形成蒸发岩。这一过程也可能发生在内陆湖泊地区。由于上覆沉积物的重量可能相当大，岩盐层向上流动，穿透上覆地层，形成大的穹顶状（盐穹）结构。

### 石膏岩

**成分**　这种岩石由结晶的石膏所形成，颜色通常为灰色。但当含氧化铁杂质时，其颜色会变成红色。

下图　层状石膏岩，来自美国

**粒度、结构和构造：**石膏岩是由石膏以层状形式构成，具有熔融的晶体。它可以有糖粒、泥状或纤维状结构，层理结构可能会被扭曲。石膏岩岩层表面有时有透石膏晶体。

**产状：**这是一种蒸发岩，是海洋潟湖和内陆湖泊干涸时形成的。石膏岩与各种其他蒸发岩（包括石盐、钾盐、硬石膏和杂卤石岩）共生，其沉积序列也可能包括页岩、白云石和泥灰岩层。蒸发岩按溶解度顺序沉积：溶解度低的（如石膏），会首先沉积；溶解度最高的通常是石盐，在结晶结束时才沉积。石膏岩也可以由硬石膏水化而形成。

### 鲕粒灰岩

**成分**　该岩石基本上由方解石组成，含有少量的碎屑物质，如石英和淤泥。岩石中通常有化石碎片，甚至是完整的生物化石。鲕粒灰岩是一种浅色岩石，通常为白色或淡黄褐色。含铁杂质会使它呈红色。

下图　鲕粒灰岩，来自英国拉特兰郡

**粒度、结构和构造：**鲕粒灰岩为中粒岩或粗粒岩，单个颗粒（鲕粒）粒径高达 2 毫米，有时肉眼可见。当鲕粒为豌豆大小时，被称为豆粒灰岩。单个鲕粒为圆形或卵圆形结构，围绕砂粒或钙质化石碎屑形成同心层。鲕粒存在于方解石胶结物中。鲕粒灰岩常见交错层理。

**产状：**现今，鲕粒灰岩沉积在温暖的浅海中。鲕粒是由小的碎屑内核周围的方解石层堆积而成。现在普遍认为，是潮汐和洋流对水的不断搅动促进了方解石的沉淀从而形成鲕粒。所含化石通常指示海洋环境，而交错层理则表明是在流动的水中沉积的。

### 生物灰岩

**成分**　这一类型包括很多常见的石灰岩，比如珊瑚灰岩、海百合灰岩和贝壳灰岩，它们以所含的主要化石和化石碎屑命名。这些岩石基本上由方解石组成，含有少量的碎屑沉积物，包括石英和黏土矿物。这些化石碎片保存在一种硬化的碳酸钙泥质胶结物中。生物灰岩也可能含有燧石状的石英，这种石英以隐晶质结核体的形式出现，通常呈层状和条带状分布在岩石层面上。生物灰岩通常为浅灰色或白色，但当存在铁杂质时，可能为浅褐色。

**粒度、结构和构造：**生物灰岩是一种粗粒结晶岩，通常含有中等至大型方解石晶体组成的糖粒基质，通常含有粒径超过 5 毫米的化石碎片。其层理在野外很容易观察到，可能会显示出生物礁结构。

**产状：**生物灰岩通常来源于海洋，其所含化石就是最好的证据。它们是由动物骨骼集聚形成的，包括珊瑚、海百合、腕足动物、软体动物和苔藓动物。这些岩石可以在浅水条件下沉积，但是有些生物灰岩含有游泳型和漂浮型生物化石，可能为深海沉积。淡水生物灰岩可以通过其所含的化石来识别，如可能包含在淡水生活的软体动物扁卷螺属。

上图　珊瑚灰岩，来自美国

下图　海百合灰岩，来自英国德比郡

**白云岩**

**成分** 这种岩石现在使用“白云岩”取代以前的“白云石”称谓，以避免与同名矿物混淆。白云岩含有大量富镁白云石（也叫镁质灰岩），以及较少的方解石。岩石中还有石英和黏土等碎屑物质。白云岩是一种浅色岩石，颜色类似于生物灰岩，但颜色通常更为浑浊。

**粒度、结构和构造：**这是一种粗粒至细粒岩石，通常是结晶的，含有大量白云石晶体，位于富含石灰质的基质中。白云岩可能存在层理结构，但通常为块状外观，缺乏明显可见的层理。岩石中可能含有化石，但是由于重结晶作用和白云石对方解石及文石的置换，使得数量不如生物灰岩中的多。有时会出现垂直节理、结核和瘤状构造，并且经常出现生物礁构造。

**产状：**白云岩通常被认为是经历过重结晶的灰岩。它们与富含方解石的石灰岩一起出现，重结晶作用可能发生在流体穿过岩石进行迁移而导致的矿物二次置换的时候。通常是在海洋环境中形成，也有一些白云岩与石盐、石膏和硬石膏等蒸发岩沉积伴生。

上图 白云岩，来自英国达勒姆郡

## 白垩岩

**成分** 白垩岩是一种非常纯净的石灰岩，由方解石组成，几乎没有碎屑物质（黏土或淤泥）。白垩岩中的方解石通常是海洋微生物的残骸，包括有孔虫和颗石藻类。因为白垩岩是非常纯的方解石岩石，所以颜色非常浅，通常是白色的。不过，随着碎屑物质量的增加，颜色会变暗。如果岩石中有很多氧化铁，则被称为红色白垩岩。

下图 含燧石结核的白垩岩，来自英国德文郡

**粒度、结构和构造：**白垩岩是一种细粒岩，如果要观察成分颗粒最好使用显微镜。岩石中可能含有宏体化石，这些化石位于细粒基质中。白垩岩的手标本通常呈块状，没有结构，但在野外露头可以观察到层理。富含二氧化硅的燧石结核层常常使得层理更为清晰。地下的多孔白垩岩层可以保存水分从而形成蓄水层。

**产状：**白垩岩是一种海相沉积岩，在没有或极少有陆源碎屑沉积的地方形成。可能是因为任何能够成为白垩岩沉积物来源的陆地区域都地势低洼，没有受到主动侵蚀。它所含的微生物和宏体生物化石都源自海洋。

## 钙华

**成分** 钙华是主要由方解石组成的无机石灰岩，可能含有文石和少量的碎屑物质（如黏土和石英），有时也会包含植物和其他有机碎屑。当成分比较纯净时颜色为白色或奶油色，当含有氧化铁杂质时，则为淡黄色、浅棕色或红色。

下图 钙华，来自意大利

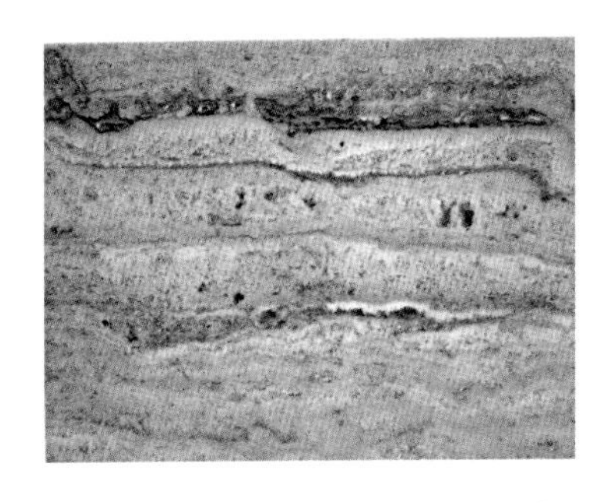

**粒度、结构和构造：**此种岩石是结晶岩，组成的晶体由小到大，通常融合在一起，形成致密的结构。

**产状：**钙华是由地热加热后富含矿物质的水中的碳酸钙沉积而成，特别是在陆地水池、温泉和火山口周围尤为多。

## 铁矿

**成分** 不同类型的铁矿差别很大，但都富含含铁矿物，包括赤铁矿、磁铁矿、菱铁矿、针铁矿和褐铁矿。铁含量至少达到15%，并且可能含有许多碎屑物质，包括石英和黏土。方解石在某些铁矿石中很常见，且经常作为胶结物。铁矿通常是深棕色、红色或黑色。如果含有许多褐铁矿则会呈现淡黄色。

下图 鲕粒铁矿，来自捷克拉德尼茨矿场

**粒度、结构和构造：**这些岩石从细粒到粗粒不等。鲕粒铁矿有小而圆的颗粒，和鲕粒灰岩中的很像，但在铁矿中它们是由铁矿物而不是方解石形成的同心层。所含碎屑颗粒呈棱角状。层理构造在许多铁矿石中很常见，可能存在交错层理。条带状铁矿具有重复的燧石和菱铁矿层或富赤铁矿层，使得岩石呈现出一系列的红色和深灰色条带。

**产状：**许多铁矿是由含铁矿物的溶液在原生沉积岩中的沉淀作用蚀变而来。在岩石中原本由方解石构成的化石，会被含铁溶液将方解石替换成赤铁矿，从而形成赤铁矿化的化石。鲕粒铁矿可能是由海洋中富含方解石的岩石被含铁液体改变而成。大多数层状铁矿存在于寒武纪以前的岩石中，可能形成于非海相盆地。然而，这些岩石也可能沉积在泥滩和浅海环境中。早期大气中出现的氧气可能是其重要的形成原因。

## 铝土矿

**成分** 铝土矿是许多矿物的集聚体；虽然它经常被归类为矿物，但它更适合被定义为岩石。铝土矿中的矿物主要是铝和铁的氢氧化物，其中包括三水铝石、硬水铝石、薄水铝石和褐铁矿。大部分铝土矿呈红色，可能含有深色斑点；当褐铁矿含量高时呈黄色。

下图 豆粒状铝土矿，来自加纳

**粒度、结构和构造：**铝土矿是一种细粒至中粒的岩石，通常是块状的，没有层理结构。一些铝土矿具有结核状构造，而另一些则为鲕粒状、豆粒状或土状。

**产状：**铝土矿产于热带地区，原岩在潮湿的环境中被风化改变。含铝的硅酸盐矿物通过过滤，使二氧化硅被去除，形成富含铝的铝土矿矿物。

## 煤

**成分** 煤由碳质植物和一些挥发物组成，这些挥发物的含量决定了它作为燃料的质量。也可能含有各种碎屑颗粒，包括淤泥和黏土。优质的煤（无烟煤）呈黑色，有玻璃光泽；劣质煤（烟煤）则光泽度较低且容易脏手。褐煤呈褐色，含有许多可见的植物物质。煤精是一种煤，它的价值在于它漂亮的黑色和抛光后的金属光泽。煤精在坚硬的表面摩擦时会产生褐色的条纹，而其他煤则会产生黑色粉末。

下图 烟煤，来自英国莱斯特郡莫伊拉

**粒度、结构和构造：**煤具有非结晶的外观，在野外观察时通常具有层理结构。无烟煤可能易碎且相对硬度较高，有时有贝壳状断口。烟煤可以显示层理和节理。褐煤比优质煤的密度低且容易破碎。

左图　褐煤，来自英国北爱尔兰波特拉什

**产状：**煤由厚层的泥炭层沉积而成。在潮湿环境中积累足够的泥炭通常需要厌氧条件。堆积在已经沉积的泥炭上面的沉积物的重量以及产生的热量，使得包括水在内的挥发物被去除，沉积物的碳含量上升并产生煤。煤根据其中碳的百分比分成不同等级。无烟煤的品质很高，含碳量超过90%。烟煤比无烟煤含有更多的挥发性物质和大约80%的碳。煤往往会形成不同的煤层。它们与页岩、粉砂岩、砂岩以及灰岩形成沉积旋回。这种与煤层有关的重复沉积旋回被称为旋回层。石炭纪时生成的大量煤为工业革命提供了足够的燃料，时至今日煤在许多国家仍被用于发电燃料，这些煤是在一个庞大的三角洲体系上形成的，在这种三角洲体系内，极为繁茂的植物提供了极厚的泥炭层。煤精可能含有植物碎片，这是由浮木（通常是南洋杉）沉入海底并被沉积物覆盖后形成的。煤精在海相页岩中以离散岩层和小型岩块的形式出现。

### 龟背石（龟甲状结核）

**成分**　龟背石作为一种结核，通常与它们所在的岩石成分相似，可以是钙质、硅质或富铁的。相比围岩（通常是页岩、泥岩或黏土）更坚硬，因此可能会突出。龟背石的颜色与主岩的颜色相似。

下图　龟背石

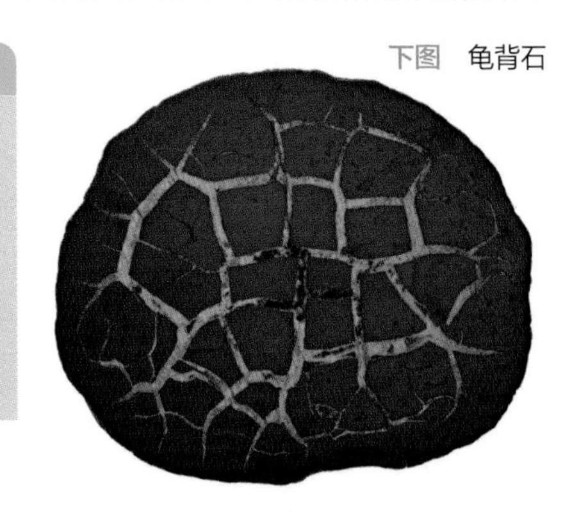

**粒度、结构和构造：**其构造通常是块状的，没有明显的颗粒，形成大小不等的圆形结核，粒径从几厘米到一米。在内部，龟背石被放射状裂缝和相互连接的细脉所分开，通常填充有矿物，如方解石。龟背石的外壳不能显示其内部结构。

**产状：**在各种海相沉积岩中，尤其是页岩和泥岩中，常出现龟背石和其他类型的结核。它们是在成岩作用期间，在松软的沉积物转化为岩石的过程中，因为局部的矿物析出而形成。结核可能在沉积物颗粒或有机残留物周围形成，并可能含有化石。在其形成后，其内部因收缩而产生裂缝，并被矿物填充。

## 燧石

**成分** 燧石由二氧化硅构成，通常呈玉髓状。燧石坚硬、致密，敲击时能迸发火星，俗称“火石”。燧石以灰色、黑色为主。

下图 燧石，来自英国赫特福德郡拉布利希思市

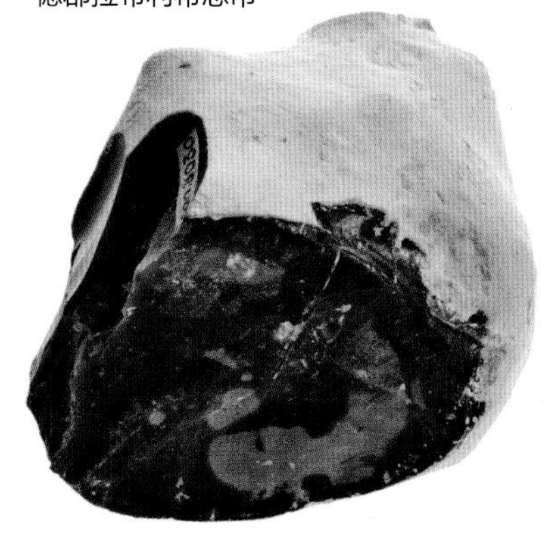

**粒度、结构和构造：**岩石中的二氧化硅为微晶或隐晶质，可能是有机成因。燧石十分坚硬，常见贝壳状断口，有非常锋利的边缘。硅石中有时会有空洞，其中可能含有土状物质、化石或葡萄状玉髓。

**产状：**尽管燧石常以团块和结核的形式出现在石灰岩中，但也可在岩层中形成。它可能是由海底有机成因的二氧化硅集聚、无机沉淀或和原有石灰岩进行置换而产生。燧石在白垩岩中呈圆形团块，经常沿着层理面分布，并显示为暗色条带。现在普遍认为，这些结核是由有机成因的二氧化硅形成的，其可能集中在海底的孔洞和动物洞穴中，逐渐形成所含区域形状的二氧化硅体。

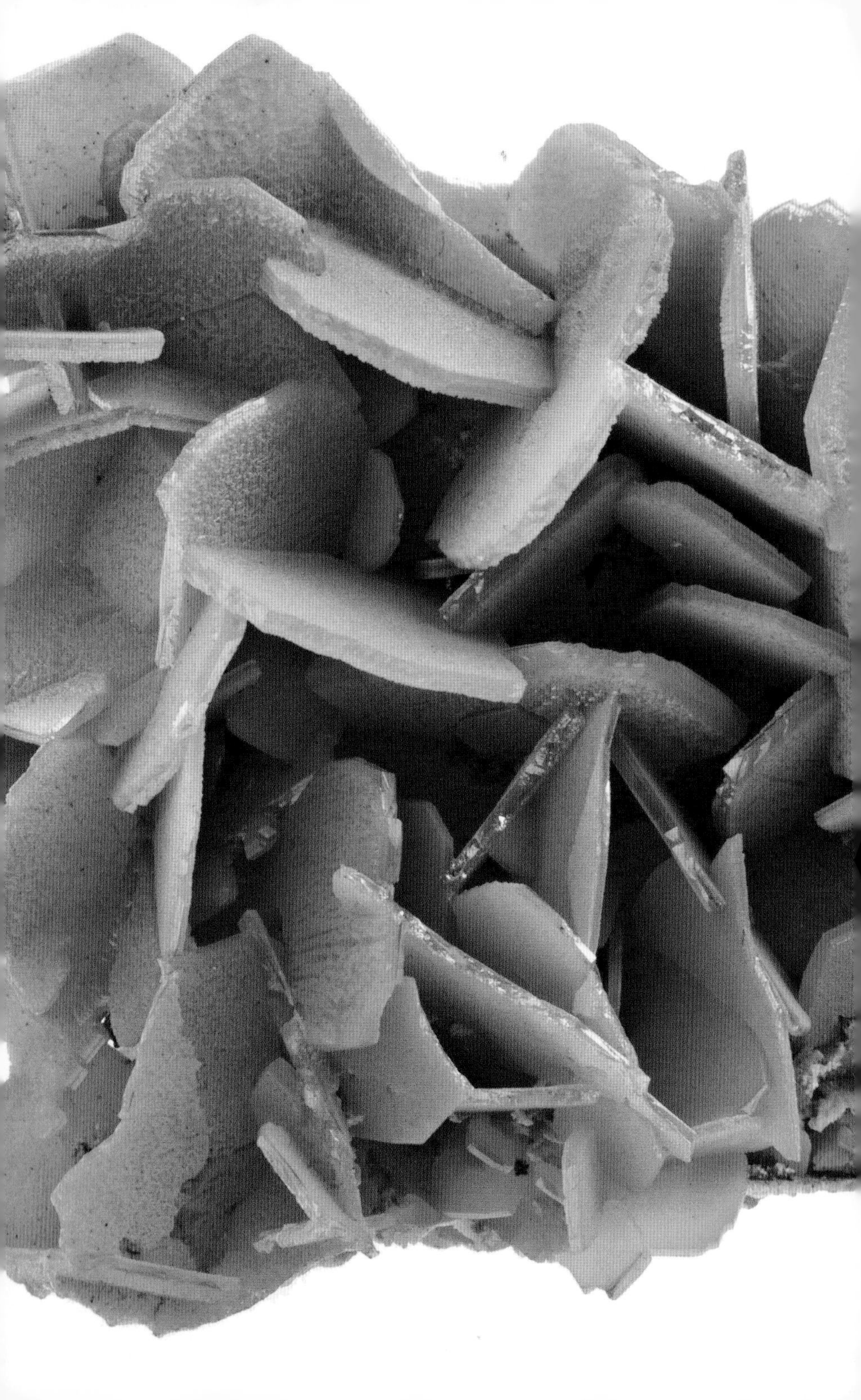

# 矿物概论

矿物主要是固体无机物，全部是通过地质作用自然形成的。大多数是化合物，但也有一些是单质，如铜和硫。每种矿物都可以通过其原子结构和化学性质来定义其种类，还有很多矿物可以通过参考某些物理或化学性质来确定种类，其中一些性质很容易被检测或观察到。为了能够识别矿物标本，需要通过这些理化性质来建立矿物的总体描述，并将其与鉴定参考书中的信息进行比较。同时需要认识到，仅凭一种特性很难正确识别矿物。如今已经发现超过 5 500 种矿物，并且每年还有更多的矿物被发现。

## 矿物的形成

构成地壳的岩石是由矿物组成的。大多数岩石只含有几种矿物，例如，火成岩中的花岗岩主要由长石、石英和云母组成。变质岩和沉积岩也由矿物组成，有些矿物可能在原岩中就已形成，而沉积岩中的矿物则通常来自其他岩石的碎屑。这些岩石的矿物很少结晶良好，因为其通常出现在地壳岩石破裂的地方，沿着节理或断层分布。含有成矿化学物质的热液流体从地壳深处上升到这些裂缝中，随着压力的降低，热液开始沉积并产生矿物。这类矿物能够在破裂的岩石中相对不受限制的空间中生长，通常能形成生

左页图　钼铅矿，来自斯洛文尼亚海伦娜矿场

长尖端，最终形成矿脉。这种矿脉中的金属矿物［包括方铅矿和闪锌矿（锌矿）］具有经济开采价值，但也通常伴生不具备经济价值的“脉石”矿物，如石英或者重晶石。在熔岩和伟晶岩的晶洞中也可以有晶体发育良好的矿物。在熔岩中，这些晶洞是气泡在熔岩中存在的地方。当类似于矿脉热液的含矿物流体渗入这些孔洞中，并在其中良好发育，形成通常是沸石、方解石和紫水晶的晶体。当没有晶体填充时，许多孔洞则形成有着同心层的玛瑙。蒸发岩矿物的晶体，如石盐和石膏，是由富含溶解化学物质的盐水在潟湖或内陆湖泊中干涸时产生的。

## 矿物的形状

矿物经常以不规则的形状出现，特别是在没有孔隙或裂缝的岩石中，因为矿物晶体的发育会受到其他矿物晶体的限制。然而，当矿物能够自由发育时，它们可以形成完美的晶体，晶体的形状取决于它们的原子排列方式。这些晶体按其对称性分为不同类型。简单的如火柴盒这样的日常物品，就可以说明包括水平和轴对称的概念。如果火柴盒被从任何方向切成两个对称的部分，两半就是彼此的镜像。而剖面则是一个对称平面。对称轴是一条假想的直线，穿过盒子一侧的中心，再穿过另一侧的中心。绕此轴旋转至少会产生一次相同的视图。虽然有些晶体的形状远比火柴盒复杂，但它们也可以用类似的方式来解释。

晶体共有七大晶系，但其中两个具有非常相似的对称性，并且经常被归类到一起。这些晶系是根据它们的对称轴来定义的。

立方（或等轴）晶系是最对称的，三个长度相等的轴以直角相交。可以有立方体、八面体（八面形）、十二面体（十二面形）和许多其他组合。

四方晶系由三个轴成直角的形状组成，但其中一个轴的长度与其他两个不同。晶体呈棱柱状，横截面呈正方形。

斜方晶系的对称度比前两个晶系低，有三个不同长度的轴，都成直角。棱柱状和板状在这个晶系中很常见。

单斜晶系是围绕三个不相等的轴来界定的，其中两个轴彼此不成直角。第三个轴与另外两个轴形成的平面成直角。这个系统也经常包含棱柱形和板状形。

三斜晶系中的晶体有三条不同长度的轴，没有一条轴与其他轴成直角。它的对称性是所有晶系中最低的。

六方晶系和三方晶系通常被归类在一起，因为它们很相似。它们各有四个对称轴，三个水平轴长度相等，第四个垂直轴与这些轴成直角，长度

上图　萤石呈立方晶系

下图　火山石晶体呈现正方晶系

上图　棱柱状斜方黄玉晶体

不同。这些晶系中的晶体可以是但不限于六边棱形。

双晶存在于许多矿物样品中。它是两个或多个晶体的规则连生。双晶的两种常见形式是接触双晶和反复双晶。

下图　呈现三方晶系的电气石

下图　来自瑞士圣哥达附近的正长石晶体

上图　来自墨西哥奇瓦瓦的石膏晶体亚硒酸盐呈现单斜晶系

上图　薄的、刃状晶体或板状钠长石

上图　来自纳米比亚楚梅布矿山的白铅矿呈现的双晶

从鉴定的角度来看，可能矿物习性比晶系更重要。矿物习性是特定矿物样品所表现出的首选形状。这是许多常见矿物的特征，可以很好地帮助人们鉴定区分。各种各样的科学术语和普通术语被用来描述矿物习性——一些是描述晶体形状，另一些则是描述非晶体形状。以下是一些重要的矿物习性：

下图　蓝晶石显示刃状习性的晶体

棱柱状习性：具有固定横截面的外形

针状习性：细长，针状外形

刃状习性：细长，如刀锋一样的外形

板状习性：外形像一个板面

树状习性：树状的外形

葡萄状习性：外形很像一串葡萄

肾状习性：外形像肾

乳头状习性：类似葡萄状习性，但圆形部分更大

块状习性：不规则，无定形

下图　绿柱石晶体呈棱柱状习性

右图　云母呈层状或片状结构。这些层可以分裂成薄片，通常会形成岩石中的叶理

下图　来自美国南达科他州的大量阳起石晶体显示出放射状针状习性

上图　肾形习性的赤铁矿

右图　天然铜是自然界中发现的纯铜。这个样本的等轴晶形成了一个树枝状图案，这是很罕见的

# 其他鉴定特性

## 解理和断口

矿物结构中原子的排列方式除了影响矿物晶体的形状外，还决定了晶体的断裂方式。矿物中的原子间化学键的强度不同使得它的化学结构各不相同。例如，在云母类矿物中，原子层之间的化学键比原子层内部的化学键要弱得多。因此云母很容易裂解成薄片。解理是与矿物内部原子结构有关的固定的断裂性质，产生很光滑的可以持续反射光的解理面。解理可以分为极完全解理、完全解理、中等解理、不完全解理、极不完全解理（无解理）等。断口与内部结构关系不大，常产生不规则形状。常见断口有贝

下图　解理是物质沿着平坦、光滑的平面分裂的倾向。这些是物质内部较弱原子键组成的平面。解理被分为极完全解理、完全解理、中等解理、不完全解理、极不完全解理（无解理）。沿着不规则的平面裂开有时被称为裂理，但这在特定矿物的所有标本中可能并不明显。许多矿物具有完美的解理，在某些情况下，解理方向可以有多个。萤石（氟化钙）中的八面体解理允许矿物被裂解成完美的八面体形状。这有时会产生误导，以为八面体也是萤石晶体的典型形状。这需要专门的知识来区分解理表面和真正的晶体表面

下图　萤石中的八面体解理

壳状断口、参差状断口、平坦状断口等。锯齿状断口有锋利的边缘。与解理不同，断口特征并不固定。

## 硬度

这种重要的识别特性需要借助简单的测试才能得知。其特性是矿物表面的抗划程度。硬度受到原子化学键和原子在矿物结构中的致密程度的共同影响。1812 年,弗里德里希·莫斯建立了硬度分级体系。将硬度分了 10 个标准等级，同时使用 10 种相对常见的矿物作为标准数值的代表。但是，这个表上各数值之间的间隔并不相等。为了确定一种矿物的硬度，需要用已知硬度的对照标本对所测矿物样品进行相对硬度的划痕测试，从硬度最低的对照标本开始，逐渐向上测试硬度数值，直到可以在硬度表中标记出矿物为止。有时用两个整数之间的分数来表示硬度是非常实用的。

上图　来自纳米比亚布拉登堡的烟水晶晶体，六角棱柱状习性，呈贝壳状断口

**莫氏硬度表：**

1. 滑石
2. 石膏
3. 方解石
4. 萤石

5. 磷灰石

6. 正长石

7. 石英

8. 黄玉

9. 刚玉

10. 金刚石

下图　石英标本，无明显晶型，参差状断口

## 比重

这是一个很有用的鉴别属性。根据经验就可以估算出手上矿物的比重。石英是一种常见的矿物，比重为 2.65，而金的比重为 19.32。许多常见矿物的比重在 3 左右，但有些矿物，如方铅矿（7.4 ~ 7.6）和重晶石（4.3 ~ 4.7）的比重明显更高。比重取决于矿物中原子的密集程度和类型，数值用矿物样品重量与等体积水重量的比值。使用比重瓶测量替代矿物的同体积水很容易就能得到矿物比重。

## 颜色

在阳光下观察矿物的颜色有助于鉴定，因为许多矿物都呈现出特定的颜色。然而，这也可能非常复杂，有时会产生误导，因为一些矿物可以显示出各种各样不同的颜色：例如，石英的颜色可以是无色、白色、紫色、粉色、淡黄色和棕色。有许多常见的矿物是白色、无色或灰色的，当在荧光灯或白炽灯等不同光源下观察时，某些矿物的颜色就会发生变化。颜色是矿物对可见光的选择性吸收造成的。可见光光谱中未被吸收的部分赋予矿物颜色。矿物的化学杂质和晶格缺陷都会影响矿物颜色，矿物主要成分的组成元素也会影响颜色。

## 条痕色

这是矿物粉末的颜色。获取矿物粉末的最简单方法是将部分矿物在条痕板（无釉白瓷砖）上摩擦。留在条痕板上的一条线就是矿物的条痕。但是，有些矿物太硬，这么做产生的粉末就是条痕板本身的粉末。在这种情况下，必须要粉碎一小部分的矿物进行检测，或在一个比它更硬的表面摩擦，如金刚石砂纸。条痕色是一个有用的检测结果，因为它基本是不变的，

本页图 来自英国康沃尔郡希罗斯富特矿场的方铅矿（上）和方解石矿（右）。虽然它们大小相同，但它们的比重却相差很大

即便对于一个能够显示很多颜色的矿物也不例外；比如所有不同颜色的石英，都显示出白色条痕色。然而，许多其他常见的矿物也产生白色条痕色。

### 光泽

矿物表面对可见光反射的表现被称为光泽。按反射能力由强而弱分为金属光泽、半金属光泽、金刚光泽和玻璃光泽。还有一些特殊光泽：丝绢光泽、珍珠光泽、油脂光泽、沥青光泽、土状光泽。

### 透明度

矿物的透明度通常在鉴定时作为参考。矿物可以是透明的、半透明的或不透明的。

### 其他特性

有些矿物质会与不同的酸发生反应。做实验时要非常小心。某些矿物可以和弱盐酸发生很明显的反应现象：方解石和其他碳酸盐矿物会冒泡，释放出二氧化碳气体；而硫化物，包括方铅矿，则产生恶臭的硫化氢气体。

荧光是某些物质受光或其他射线照射时所发出的可见光。将样品置于紫外线下可观察荧光。荧光的颜色可以用来鉴定矿物种类。观察时短波和长波紫外线都要使用，因为有时在这两种光源下观察到的颜色会不同。观测前应该进行适当的训练，因为紫外线会伤害眼睛。并非所有的矿物都有荧光。

# 自然元素矿物

这些矿物是由单独存在的化学元素组成，不与其他化学元素结合形成化合物。其中分为自然金属元素，如金和铜；半金属元素，如锑和砷；非金属元素，如硫和碳。

**金**【化学成分：Au】

晶系：立方晶系
矿物习性：自然金很少形成立方或八面体晶体，更多的是以小块金、颗粒、薄片或树枝状团块的方式存在
解理：无
断口：锯齿状
硬度：2.5 ~ 3
比重：19.31
颜色：金黄色
条痕色：金黄色
光泽：金属光泽；不透明

下图　来自南非特兰斯瓦尔西斯普林斯矿场石英中的金

金通常出现在石英脉中，与其他热液矿物一起形成。这种密度很大的矿物也存在于砂矿床中的冲积沙矿中。金矿在这种矿床中形成的原因是在原始含石英岩的风化和侵蚀过程中，由于金的密度太大，无法被冲走所致。因此，在河流中淘金就成了人们获

得这种贵金属一种长期沿用的方法，通过这种方法可以获得粒状和块状的金。据估算，全世界的海洋中含有超过 1 000 万吨的金，但尚未找到具有经济价值的开采方法。金有时会与金属硫化物的黄铁矿（俗称“愚人金”）和黄铜矿混淆，但包括硬度和比重在内的特性都可以用来区分它们。金不溶于大多数酸，但可以溶于硒酸和王水。它不会像银那样在与空气接触后失去光泽。几千年来，金一直被用作珠宝和货币。金主要的开采地区包括南非、澳大利亚、美国、加拿大、俄罗斯、秘鲁、墨西哥、智利和巴西等国家。

**银**【化学成分：Ag】

晶系：立方晶系
矿物习性：很少为八面体或立方晶体；多为丝状、鳞片状、片状、树枝状或块状
解理：无
断口：锯齿状
硬度：2.5 ~ 3
比重：10.5
颜色：银白色，和空气接触后失去金属光泽
条痕色：银色
光泽：金属光泽；不透明

银形成于热液矿脉中，通常与金、金属硫化物和包括脆银矿、螺硫银矿等含银矿物一起出现。银也可以与金形成合金，称为银金矿。大多数银是从各种矿石中获得的，而不是作为一种自然元素矿。与金不同，银可以溶解在硝酸中，在大气中会失去金属光泽。秘鲁、墨西哥、智利、玻利维亚、美国、加拿大、澳大利亚、俄罗斯、挪威和捷克都是银的重要产地。

下图　来自挪威布斯克吕孔斯伯格的自然银

**砷**【化学成分：As】

晶系：三方晶系
矿物习性：通常为颗粒状、葡萄状和钟乳石状团块；很少为菱形晶体或结核
解理：完全解理
断口：参差状
硬度：3.5
比重：5.72 ~ 5.73
颜色：淡灰色，失去光泽后变成暗灰色和几乎黑色。
条痕色：锡白色或灰色
光泽：金属光泽；不透明

下图　来自罗马尼亚萨卡拉姆的砷

这种矿物形成于热液矿脉中，与硫化物和砷化物（特别是那些含有镍、钴和银的砷化物）伴生。砷元素是红色矿物雄黄和共生的金黄色硫化砷矿物雌黄的组成成分。其加热会产生大蒜气味的烟雾。砷有毒，被应用于杀虫剂中，但由于对公众健康和环境造成的问题，砷的使用已基本被禁止。然而，在美国仍有大面积的地区被污染。

**铂**【化学成分：Pt】

晶系：立方晶系
矿物习性：有很少一部分晶体是立方体的；更多的铂是以鳞片、颗粒和金属块的形式出现
解理：无
断口：锯齿状
硬度：4 ~ 4.5
比重：21.45
颜色：银白色
条痕色：白色或灰色
光泽：金属光泽；不透明

左图　来自俄罗斯乌拉尔山脉的铂金块

铂非常稀有，在火成岩中形成，尤其是在二氧化硅含量较低的基性和超基性火成岩中，包括纯橄榄岩和变质岩中的蛇纹岩。它也可能在自然界中与铁和其他元素组成合金，不过这种情况比较罕见。与黄金和其他高比重矿物一样，当流动的水能量下降时，被侵蚀剩下的铂颗粒就会沉积在砂矿中。最著名的就在俄罗斯乌拉尔山脉中的矿场，时至今日仍然在开采。其他比较重要的铂矿产地包括南非（特别是马伦西礁）、加拿大、美国、哥伦比亚、巴西、秘鲁、澳大利亚和新西兰。这种金属具有极强的延展性，比铜、银或金更具延展性。它耐腐蚀，但可在 500 摄氏度以上的温度下氧化。铂溶于王水。

**铜**【化学成分：Cu】

晶系：立方晶系
矿物习性：很少呈立方或八面体晶体；集合体多呈树枝状、块状及丝状
解理：无
断口：锯齿状
硬度：2.5 ~ 3
比重：8.92
颜色：淡红色，失去光泽时变为棕色
条痕色：淡红色
光泽：金属光泽；不透明

铜很少以自然元素的方式存在，大部分在矿石里，存在于玄武质喷出岩中。它更常与其他元素（尤其是硫）形成硫化物矿物（如黄铜矿）。铜是制造管道和电线的

右图　来自俄罗斯斯维尔德洛夫斯克州班科夫矿山的自然铜

重要矿物。在大规模的工业生产中使用的铜主要是从硫化矿石中获得的。铜溶于硝酸，可塑性很强。美国、加拿大、墨西哥、玻利维亚、智利、澳大利亚、南非、纳米比亚、博茨瓦纳、乌干达、赞比亚、俄罗斯和印度尼西亚都是铜的重要产地。

**铋**【化学成分：Bi】

晶系：三方晶系
矿物习性：通常以颗粒或块状聚集体的形式出现，呈层状、叶状和树枝状，很少出现大的晶体
解理：完全解理
断口：参差状
硬度：2 ~ 2.5
比重：9.70 ~ 9.83
颜色：灰色或粉红色
条痕色：银白色
光泽：金属光泽；不透明

下图　来自澳大利亚昆士兰沃尔夫拉姆郡的铋

铋是热液矿脉中的一种矿物，可在开采银、锡、镍、铅和钴的矿床中发现。它也可以出现在非常粗粒的火成伟晶岩中。铋溶于硝酸，为不透明矿物，它的硬度低，延展性好，比重高，颜色鲜艳。铋在工业上有很高的价值，因为它的导热性很差。它通常从辉铋矿中提炼或者作为冶炼铅和铜的副产品。人造铋晶体具有独特的锥状和强烈的彩虹色。

**锑**【化学成分：Sb】

晶系：三方晶系
矿物习性：通常以块状聚集体或颗粒状和层状形式存在；少量晶体具有准立方状、板状、条状或针状习性
解理：完全解理
断口：参差状
硬度：3 ~ 3.5
比重：6.69
颜色：银白色至灰色
条痕色：灰色
光泽：明亮的金属光泽；不透明

下图　来自墨西哥奇瓦瓦阿雷丘博的锑

锑存在于热液矿脉中，通常与银、砷、方铅矿、闪锌矿、黄铁矿和辉锑矿伴生。这种金属矿物被用作电池和电缆涂层的合金材料。锑是一种中等密度的金属，硬度低，很少作为自然元素矿物存在，而是作为一种化学元素存在于许多矿物中，其中最常见的矿物是辉锑矿。

**汞**【化学成分：Hg】

晶系：三方晶系
矿物习性：晶体仅能在 -38 摄氏度下形成，呈菱形习性。在正常温度下，这种金属是一种液体，在岩石表面以小水珠的形式存在
解理：无（室温下）
断口：无（室温下）
硬度：无法获得（室温下）
比重：13.54
颜色：银白色
条痕色：无（室温下）
光泽：明亮的金属光泽；不透明

汞常与其红色的硫化物矿物朱砂伴生。它们都产生在温泉和火山口附近。天然汞通常是由朱砂矿床的蚀变作用形成的。汞可以溶解在硝酸中。汞常被用于制作温度计。汞常被称为水银，意指银色液体。

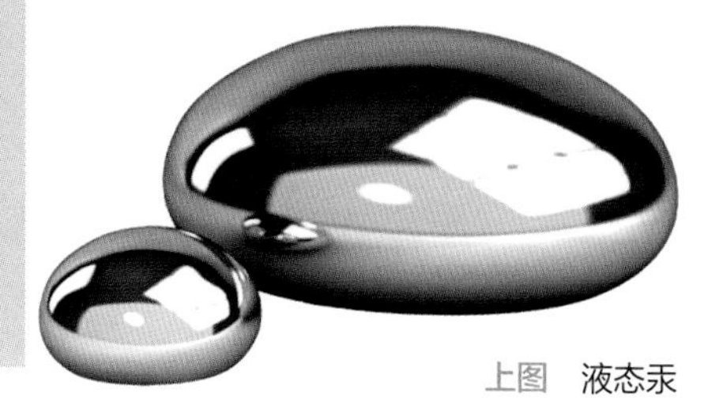

上图　液态汞

**自然硫**【化学成分：S】

晶系：斜方晶系
矿物习性：通常以小块的板状晶体形式形成，少见以棱柱状晶体形式；也可作为岩石表面的覆盖层，具有钟乳石状、块状和结壳状习性
解理：不完全解理
断口：参差状或贝壳状
硬度：1.5 ~ 2.5
比重：2.07
颜色：亮黄色至棕黄色
条痕色：白色
光泽：树脂光泽、油脂光泽；透明到半透明

下图　来自意大利艾米利亚－罗马涅区切塞纳的自然硫

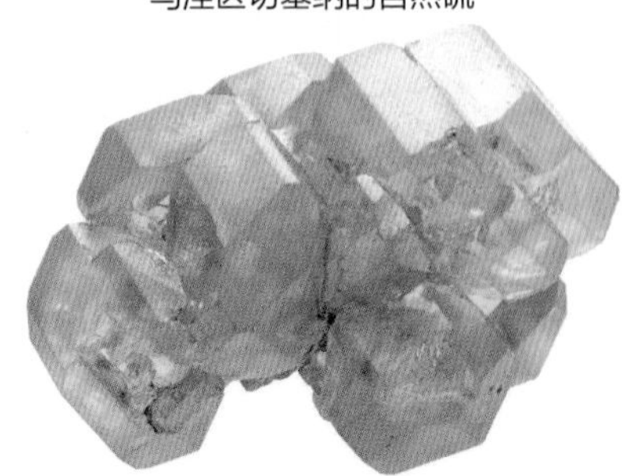

自然硫通常出现在火山喷发口和温泉附近，在那里它是由气体和流体从深处释放形成的。这种矿物也可以由细菌作用于盐穹中的硫酸盐类矿物（包括石膏）而产生。自然硫容易与金属元素结合，产生大量的硫化物矿物，如黄铁矿、方铅矿、闪锌矿和重晶石。自然硫有许多工业用途，包括制造硫酸、农药以及橡胶的硫化。

**石墨**【化学成分：C】

晶系：六方晶系
矿物习性：通常以块状结晶聚集体和土状或粒状习性形成，有时具有叶状结构。它也可以为有六边形轮廓的扁平板状
解理：完全解理
断口：参差状
硬度：1
比重：2.23
颜色：铁黑色
条痕色：深灰色至黑色
光泽：暗淡的金属光泽；不透明

下图　来自斯里兰卡库鲁内格勒区的石墨

石墨在化学组成上与金刚石相同，但这两种矿物在外观和特性

上却有着惊人的不同。例如，金刚石在莫氏硬度表上硬度为 10 级；而石墨很容易被指甲划伤，硬度只有 1 级，当它在一张纸上划过时，就会产生一个深灰色的痕迹。金刚石是一种有着璀璨光泽的晶体矿物，而石墨则是深灰色至黑色的，通常存在于片状物质中。石墨一般形成于中低级变质岩中，尤其是板岩和片岩，由于石墨的结构是由平行的碳原子层组成，所以它在工业中被用作润滑剂。

**金刚石**【化学成分：C】

晶系：立方晶系
矿物习性：金刚石形成小的、具有八面体、四面体或立方体习性的晶体。黑金刚石是一种具有微晶习性的金刚石，而圆粒金刚石则拥有放射状的形态
解理：完全解理
断口：贝壳状
硬度：10
比重：3.51
颜色：金刚石可以表现出多种颜色，从无色、白色到灰色、黄色、粉红色、红色、橙色、蓝色、绿色和黑色
条痕色：白色
光泽：金刚光泽或油脂光泽；透明至不透明

下图　来自澳大利亚维多利亚州的金刚石

金刚石是在一种叫作金伯利岩的岩石中自然形成的。这种岩石以南非著名的金刚石产地命名，是一种超基性岩，存在于距地表很深的筒状侵入构造中。一些金刚石也出现在煌斑岩中。大多数金刚石形成于地壳之下的地幔区域，它们是在巨大压力下由流体形成的，可能形成在超过 10 亿年前的前寒武纪时期。金刚石上升到地表则在比较近的时间，可能是在几亿年前。由于金刚石的硬度很高（莫氏硬度表上硬度为 10 级），它能抵抗侵蚀，并在冲积砂矿中堆积，还能出现在海滩砂中。

# 硫化物、砷化物和碲化物

硫化物矿物是硫和金属的化合物，是金属矿石中一类非常重要的矿物。硫化盐是硫与砷等金属和半金属元素的化合物。如果像针碲金银矿和方钴矿一样，用碲或砷代替硫，就会产生碲化物或砷化物。

## 硫化物

**方铅矿**【化学成分：PbS】

晶系：立方晶系
矿物习性：晶体通常为立方体和八面体，集合体为块状和颗粒状
解理：完全解理
断口：半贝壳状
硬度：2 ~ 3
比重：7.4 ~ 7.6
颜色：铅灰色
条痕色：灰黑色
光泽：金属光泽；不透明

方铅矿是一种常见的矿物，作为一种铅矿已被开采利用了数千年。它通常存在于矿脉中，由热液生成，和其他常见硫化物（比如闪锌矿和黄铁矿）以及石英、萤石和方解石共生。方铅矿含有银；据记录，每吨方铅矿含银量多达 1.2 千克。当放在盐酸中时，会产生硫化氢气体，散发出特有的臭鸡蛋气味。方铅矿分布于世界各地。

硒铅矿与方铅矿属于同族矿物（方铅矿族）。组分为硒化铅（PbSe），与方铅矿相似也是灰色和金属光泽。它的比重略高，为 8.08 ~ 8.22，硬度为 2 ~ 3。硒铅矿是立方晶系，但它通常是块状，而不是结晶质状态。

产于热液矿脉中，常与其他硒化物伴生。这种矿物最早是在德国的哈兹山脉被发现的。

右图　来自美国堪萨斯州切罗基加利纳的方铅矿

**朱砂【化学成分：HgS】**

晶系：三方晶系
矿物习性：通常在岩石表面结晶，具有棱柱状、菱形或板状的晶体；集合体多为块状和小颗粒状
解理：完全解理
断口：贝壳状或参差状
硬度：2～2.5
比重：8.09
颜色：猩红色
条痕色：红色
光泽：玻璃光泽、金刚光泽、亚金属光泽或无光泽；透明至不透明

朱砂可以出现在火山口和温泉周围，与天然汞和其他矿物（包括辉锑矿、石英、白铁矿和蛋白石）伴生。在火山活动后的矿脉和沉积岩中也能发现。朱砂是最重要的汞矿，但由于这种元素的高毒性，它在一些传统应用场景（例如作为红色染料）已经被禁止并被其他材料取代。北美洲和南美洲有许多朱砂矿床，西班牙的阿尔马登地区开采朱砂已有2 500多年的历史。

下图　来自斯洛伐克东部的朱砂

**硫镉矿**【化学成分：$CdS$】

晶系：六方晶系
矿物习性：通常在其他矿物上形成一层土状的外层；晶体为小的锥形状、板状或棱柱状，通常有条纹面
解理：清楚解理
断口：贝壳状
硬度：3 ~ 3.5
比重：4.82
颜色：橙色、黄橙色、黄色或微红色
条痕色：橙黄色至砖红色
光泽：金刚光泽或树脂光泽；透明至半透明

下图 来自英国伦弗雷斯毕晓普顿的硫镉矿

硫镉矿通常是含镉矿物的直接蚀变产物，形成于和闪锌矿伴生的矿床中。在某些情况下，它以晶体形式出现在基性火成岩的裂缝和晶洞中，与葡萄石、沸石和方解石伴生。硫镉矿虽然罕见，但却是最常见的富镉矿物。这种矿物最早在英国被发现。

**螺状硫银矿**【化学成分：$Ag_2S$】

晶系：单斜晶系
矿物习性：棱柱状晶体
解理：无
断口：参差状
硬度：2 ~ 2.5
比重：7.22
颜色：深灰色至黑色
条痕色：黑色
光泽：金属光泽；不透明

下图 来自英国康沃尔郡卡尔斯托克附近的螺状硫银矿

螺状硫银矿与天然银、其他硫化物矿物（特别是方铅矿）一起形成于热液矿脉中，通常与白铅矿、硫锑银矿等热液矿脉矿物伴生。它是主要的银矿来源，在墨西哥、玻利维亚和洪都拉斯有重要的矿场。

**辉锑矿**【化学成分：$Sb_2S_3$】

晶系：斜方晶系
矿物习性：晶体为棱柱状，常具条纹；集合体为颗粒状和刃状
解理：完全解理
断口：参差状或半贝壳状
硬度：2
比重：4.6
颜色：铅灰色
条痕色：黑色
光泽：金属光泽；不透明

这种矿物形成于热液矿脉和温泉周围。在矿脉中，常与黄铁矿、闪锌矿、方铅矿、重晶石和方解石伴生。在火成岩、花岗岩和高级区域变质岩片麻岩中也有发现。由于矿物的可塑性，棱柱状晶体经常会被扭曲。辉锑矿可以溶解在盐酸中。它是锑的主要矿石来源。

下图　来自中国湖南的辉锑矿

**闪锌矿**【化学成分：$ZnS$】

晶系：立方晶系
矿物习性：晶体较为常见，呈四面体和十二面体；集合体为块状、葡萄状和颗粒状
解理：完全解理
断口：参差状或贝壳状
硬度：3 ~ 4
比重：3.9 ~ 4.2
颜色：浅黄色、棕色、褐色至黑色
条痕色：浅棕色
光泽：玻璃光泽或树脂光泽；半透明至透明

下图　来自罗马尼亚特兰西瓦尼亚的闪锌矿

闪锌矿是一种常见的热液矿脉矿物，它作为一种锌矿在很多地方已经被开采了数百年。通常与石英、方铅矿、方解石、重晶石、黄铜矿和萤石共生。纤锌矿是一种不常见的矿物，与闪锌矿为同质二象，在六方晶系中形成锥体状、棱柱状或板状晶体。它在性质上与闪锌矿相似。

**辉钴矿**【化学成分：$CoAsS$】

晶系：斜方晶系
矿物习性：晶体为有条纹的八面体或假立方体；集合体为颗粒状或块状
解理：完全解理
断口：参差状
硬度：5.5
比重：6.33
颜色：深灰色、蓝色或白色
条痕色：深灰色
光泽：金属光泽；不透明

下图　辉钴矿

辉钴矿赋存于热液矿脉和热变质作用蚀变的岩石中，常与磁铁矿、闪锌矿和榍石伴生，易溶于硝酸。辉钴矿与辉砷镍矿（NiAsS）同为辉砷钴矿亚族的一员。辉钴矿为立方晶系，硬度为 5.5，比重为 6.33，通常颜色为深灰色、蓝色或白色，条痕色为深灰色。这是一种不透明的矿物，有金属光泽。与辉钴矿一样，辉砷镍矿也发现于热液矿脉中，与黄铜矿、方解石、白云石和石英伴生。

**斑铜矿**【化学成分：$Cu_5FeS_4$】

晶系：斜方晶系
矿物习性：斑铜矿可形成八面体、立方体和十二面体晶体，常有曲面；集合体通常以块状或颗粒状形式出现
解理：不完全解理
断口：参差状至贝壳状
硬度：3
比重：4.9 ~ 5
颜色：铜红色至棕色
条痕色：灰色至黑色
光泽：金属光泽；不透明

下图　来自英国坎布里亚的斑铜矿

斑铜矿形成于热液矿脉中，常与石英和硫化物矿物（特别是方铅矿）伴生。它也出现在一些接触变质岩和粗粒花岗质伟晶岩中。在许多铜矿床中，斑铜矿和黄铜矿可能被辉铜矿所置换。斑铜矿是重要的铜矿矿石，通常含有 60% 以上的金属组分。这种矿物溶于硝酸。

**黄铜矿**【化学成分：$CuFeS_2$】

晶系：四方晶系
矿物习性：通常为块状，但有时晶体会呈假四面体（表面常有条纹）或肾形状
解理：不完全解理
断口：参差状
硬度：3 ~ 4
比重：4.1 ~ 4.3
颜色：黄铜色、有虹色的锖色
条痕色：绿黑色
光泽：金属光泽；不透明

下图　来自英国康沃尔郡石英晶体上的黄铜矿

黄铜矿形成于热液矿脉中，常与方铅矿、黄铁矿、闪锌矿和石英等其他矿物伴生。它也出现在黄铁矿的一些结节状物质和花岗岩体内的浓缩铜矿中。这种矿物是一种非常重要的铜矿。加热后，它可能会变成磁性的。与斑铜矿一样，黄铜矿可溶于硝酸，但比重较低、稍硬。

**辉铜矿**【化学成分：$Cu_2S$】

晶系：单斜晶系
矿物习性：通常呈块状，但偶尔也会形成短板状或棱柱状晶体。当有双晶时，其可能具有伪六边形的外观
解理：不清晰
断口：贝壳状
硬度：2 ~ 3
比重：5.5 ~ 5.8
颜色：暗铅灰色
条痕色：暗灰色
光泽：金属光泽；不透明

下图　来自英国康沃尔郡的辉铜矿

辉铜矿产于热液矿脉中，和多种硫化物、其他矿物（包括斑铜矿、黄铜矿、方铅矿、孔雀石、蓝铜矿、铜蓝和石英）共生。它是一种由原生铜矿蚀变和氧化形成的次生矿物，在大型铜矿矿藏中具有重要地位。和其他一些硫化铜矿一样，辉铜矿也溶于硝酸中。

**铜蓝**【化学成分：CuS】

晶系：六方晶系

矿物习性：通常为块状、叶状集合体，但也会形成六角形轮廓的薄平板状晶体

解理：完全解理

断口：参差状

硬度：1.5 ~ 2

比重：4.68

颜色：深蓝色，常有紫色的虹光

条痕色：深灰色至黑色

光泽：无光泽或半金属光泽；不透明

铜蓝通常与其他铜矿物一起出现在矿脉中，特别是在原生矿物发生蚀变的区域。它通常以薄层形式覆盖在其他矿物上。在含铜矿脉中，它形成于次生富集带内相对较浅的深度。铜蓝常与斑铜矿、黄铁矿、辉铜矿和黄铜矿共生。这种矿物可能是含铜矿物的岩石发生变质作用时形成的，易溶于盐酸。

下图　来自美国蒙大拿州巴特的铜蓝

**雌黄**【化学成分：$As_2S_3$】

晶系：单斜晶系
矿物习性：集合体呈片状、梳状；晶体有短柱状或板状
解理：完全解理
断口：参差状
硬度：1.5～2
比重：3.5
颜色：柠檬黄色
条痕色：鲜黄色
光泽：金刚光泽至油脂光泽，半透明

下图　雌黄

在火山口和温泉周围以及热液矿脉中都能发现雌黄。它可能是由雄黄蚀变形成的，雄黄是另一种颜色鲜艳的砷的硫化物。雌黄常与雄黄、天然砷、方解石、重晶石、辉锑矿、石英等多种矿物共生。雌黄易溶于硝酸。如果加热，它会散发出强烈的大蒜气味；这种气味通常是含砷矿物的特点。

**雄黄**【化学成分：$As_4S_4$】

晶系：单斜晶系
矿物习性：短棱柱状晶体，表面有条纹；集合体为块状和颗粒状，如叶片块状和粉末状覆层。
解理：清楚解理
断口：贝壳状
硬度：1.5～2
比重：3.6
颜色：橙红色或红色
条痕色：橙红色
光泽：油脂光泽或树脂光泽；透明至半透明

下图　雄黄

这种矿物与雌黄、辉锑矿和其他多种矿物一起出现在热液矿脉中。它也可以由温泉中流出的液体结晶而来，比如美国黄石国家公园的间歇泉沉积。雄黄加热时散发出

大蒜的气味，这是含砷矿物的特征。可以在硝酸中溶解。如果在阳光下暴晒，雄黄晶体会分解成黄橙色粉末。

**辉铋矿**【化学成分：$Bi_2S_3$】

晶系：斜方晶系
矿物习性：晶体为针状或棱柱状；集合体很少呈块状，多为叶状或纤维状
解理：完全解理
断口：参差状
硬度：2 ~ 2.5
比重：6.78
颜色：银白色至铅灰色
条痕色：铅灰色
光泽：金属光泽；不透明

辉铋矿与多种其他硫化物矿物（包括黄铁矿、方铅矿、毒砂和黄铜矿）共生，发现于热液矿脉和花岗质伟晶岩中，可能与含铜矿物伴生。它也形成于一些含金矿脉和喷出岩中，是重要的铋矿。辉铋矿溶于硝酸，并且液体中可能会出现硫黄的小薄片。这种矿物的主要产地包括玻利维亚、秘鲁、墨西哥、加拿大和日本。

下图　来自英国康沃尔郡的辉铋矿

**辉钼矿**【化学成分：$MoS_2$】

晶系：六方晶系
矿物习性：晶体为桶状或板状，集合体为薄鳞片状和叶片块状，通常有六边形轮廓或颗粒状
解理：完全解理
断口：参差状
硬度：1 ~ 1.5
比重：4.62 ~ 4.73
颜色：铅灰色
条痕色：亮铅灰色
光泽：金属光泽；不透明

下图　来自挪威的辉钼矿

辉钼矿是某些花岗岩和伟晶岩中的副矿物，也存在于热液矿脉和被接触变质作用蚀变的岩石中。当处理辉钼矿标本时，会感觉到矿物的油腻感，并在手上留下细小的银色薄片。它的外观与石墨相似，但更具金属性，比重更高。它是一种具有一定经济价值的矿物，是钼的主要矿石，用途广泛，包括作为润滑剂。它的主要产地包括美国、加拿大、智利和俄罗斯。

**黄铁矿**【化学成分：$FeS_2$】

晶系：立方晶系
矿物习性：晶体为立方体、八面体和十二面体，其表面通常有条纹；集合体为颗粒状、块状、肾形、结节状
解理：不清晰
断口：参差状或贝壳状
硬度：6 ~ 6.5
比重：4.8 ~ 5.1
颜色：淡黄铜色
条痕色：绿黑色
光泽：金属光泽；不透明

下图　来自西班牙的黄铁矿

黄铁矿是一种分布广泛的硫化物矿物，在许多地质环境中都可形成。它可以出现在热液矿脉中，或作为火成岩和区域变质岩（特别是板岩）中的副矿物。它也可以存在于沉积岩中，通常形成圆形结核，并且可以在化石化的过程中替代有机物质。当用地质锤敲击时，可能会产生火花。这种矿物被称为愚人金，但它比黄金硬得多，比重也低得多。它可能与黄铜矿混淆，但黄铁矿较硬，颜色也没有那么漂亮。黄铁矿暴露在空气中会分解。

**白铁矿**【化学成分：$FeS_2$】

晶系：斜方晶系
矿物习性：晶体为板状或锥形状，双晶通常出现矛状聚集；集合体为块状或肾形；具有放射状结构的平块状结构被称为“白铁矿太阳”。白铁矿结核具有内部放射状结构
解理：清楚解理
断口：参差状
硬度：6 ~ 6.5
比重：4.89
颜色：浅黄铜色
条痕色：绿色黑色
光泽：金属光泽；不透明

下图　来自英国肯特郡多佛附近的白铁矿，展示了矛状的双晶

白铁矿与黄铁矿具有相同的化学式，但其晶体晶系不同。这两种矿物具有相似的硬度，但白铁矿颜色较浅。这种矿物通常形成于沉积岩中，包括黏土和石灰岩，因为其可通过酸雨作用于岩石而产生。它也出现在一些热液矿脉中，通常与黄铁矿等硫化物共生。当暴露在空气中时，它比黄铁矿分解得更快。一些著名的矿石产区分布在英国南部和法国的白垩纪岩石中。

下图　来自美国伊利诺伊州的“白铁矿太阳”

**磁黄铁矿**【化学成分：FeS】

晶系：单斜晶系
矿物习性：晶体为板状或平板状，有时有双晶；集合体通常为块状、颗粒状
解理：无
断口：半贝壳状至参差状
硬度：4
比重：4.6～4.7
颜色：暗青铜色
条痕色：灰黑色
光泽：金属光泽；不透明

下图　来自墨西哥奇瓦瓦州圣尤拉利亚的磁黄铁矿

这种矿物的化学成分与黄铁矿非常相似，但通常出现在岩浆侵入体中（特别是基性和超基性成分的侵入体），通常含量很少，与黄铁矿、磁铁矿、白铁矿、方铅矿和闪锌矿共生。在具有层状结构的侵入体中，可能同时发现黄铜矿和镍黄铁矿。磁黄铁矿也形成于被接触变质作用蚀变的岩石中。由于它具有磁性和变成黄铁矿的倾向，所以这种矿物被称为磁性黄铁矿。

**黄锡矿**【化学成分：$Cu_2FeSnS_4$】

晶系：四方晶系
矿物习性：晶体为假四方体，有条纹和双晶；集合体常为颗粒状、块状
解理：不清晰
断口：参差状
硬度：4
比重：4.3 ~ 4.5
颜色：钢灰色至黑色，可能有锖色
条痕色：黑色
光泽：金属光泽；不透明

下图　来自英国康沃尔郡的黄锡矿

黄锡矿是一种锡矿石，产于热液矿脉中，和锡石、黄铁矿、毒砂、闪锌矿、黄铜矿、黑钨矿和黝铜矿共生。黄锡矿是重要的锡矿来源，在世界很多地方都被开采利用（特别是英国康沃尔郡，这是它首次被发现的地方），而与其伴生的锡石，是另一种重要的锡矿石。

**毒砂**【化学成分：FeAsS】

晶系：单斜晶系
矿物习性：双晶通常为棱柱状晶体，常有条纹面；集合体为柱状、粒状和块状
解理：清楚解理
断口：参差状
硬度：5.5 ~ 6
比重：6.2
颜色：锡白色，表面常带浅黄锖色
条痕色：灰黑色
光泽：金属光泽；不透明

这是一种热液矿脉中的矿物，与许多矿物（包括金、银、黄铁矿、菱铁矿、黄铜矿、石英和方解石）伴生。玄武质火成岩和变质岩中也可产生毒砂。它可溶于硝酸，用地质锤敲击时会产生火花和大蒜气味。毒砂是一种重要的含砷矿石。

右图　来自德国萨克森州弗赖堡的毒砂

## 脆硫锑铅矿
【化学成分：$Pb_4FeSb_6S_{14}$】

晶系：单斜晶系
矿物习性：晶体通常为纤维状和针状，条纹沿其晶体长轴发育；集合体为块状、纤维状或柱状
解理：良好
断口：参差状至贝壳状
硬度：2.5
比重：5.63
颜色：深灰色至黑色，有时会有虹色锖色
条痕色：深灰色至黑色
光泽：金属光泽；不透明

下图　来自英国康沃尔郡圣明佛的脆硫锑铅矿

脆硫锑铅矿是一种比较另类的硫化物矿物，因为其晶体有时非常致密和纤细（形成纤维状和针状），从而在岩石表面形成毡状结构。它出现在热液矿脉中，与其他硫化物、石英和方解石伴生。脆硫锑铅矿是在英国康沃尔郡首次被发现的。

## 硫砷铜矿【化学成分：$Cu_3AsS_4$】

晶系：斜方晶系
矿物习性：晶体形成发育良好的平板状或棱柱状，通常有条纹面；集合体为颗粒状和块状
解理：完全解理
断口：参差状
硬度：3
比重：4.45
颜色：深灰色至黑色
条痕色：灰色至黑色
光泽：金属光泽；不透明

这种矿物存在于热液矿脉中，和石英以及各种硫化物（如方铅矿、黄铁矿、闪锌矿、黄铜矿和斑铜矿）共生。加热时，它会产生大蒜气味。硫砷铜矿可被火焰熔化，可溶于硝酸。

下图　来自美国蒙大拿州巴特市伦纳德矿场的硫砷铜矿

## 车轮矿【化学成分：$PbCuSbS_3$】

晶系：斜方晶系
矿物习性：晶体为棱柱状和板状，具条纹，常有双晶；集合体为致密块状、颗粒状和块状
解理：不完全解理
断口：半贝壳状至参差状
硬度：2.5～3
比重：5.83
颜色：钢灰色至黑色
条痕色：灰色或黑色
光泽：金属光泽；不透明

下图　来自英国康沃尔郡的车轮矿，显示出齿轮状的晶体

这种矿物形成于热液矿脉中，与方铅矿、闪锌矿、菱铁矿、黄铜矿、辉锑矿、黝铜矿和石英伴生。车轮矿的双晶可以呈现十字形（交叉形状），也可以呈现为粗略的齿轮形状；所以车轮矿曾被称为齿轮矿。这种矿物可溶于硝酸，并使溶液发绿，说明其中含铜。它在火焰中很容易熔化。

**硫锑银矿**
**【深红银矿，**化学成分：$Ag_3SbS_3$**】**

晶系：三方晶系
矿物习性：晶体为棱柱状和鳞片状，常有双晶；集合体为浸染颗粒状、致密块状和块状
解理：根据方向不同，清楚程度不同
断口：贝壳状至参差状
硬度：2.5
比重：5.85
颜色：深红色
条痕色：暗红色
光泽：金刚光泽或半金属光泽；半透明

下图　来自德国安德勒阿斯贝格的硫锑银矿

硫锑银矿与硫砷银矿关系密切，具有相似的物理特征。然而，硫锑银矿中含有锑，而硫砷银矿则含有砷。硫锑银矿产自热液矿脉中，和其他硫化盐类、方铅矿、黄铁矿、银、方解石、白云石和石英共生。硫锑银矿是极少数具有半透明特性的含银矿物之一，因其特有的颜色而被称为深红银矿，其易溶于硝酸。在德国的哈兹山脉和墨西哥都发现了发育极好的晶体。在美国、加拿大、智利、玻利维亚、秘鲁、西班牙、捷克、斯洛伐克也有发现。

**硫砷银矿**
**【淡红银矿，**化学成分：$Ag_3AsS_3$**】**

晶系：三方晶系
矿物习性：晶体为棱柱状、菱形和鳞片状，常有双晶；集合体为块状、致密块状、浸染状
解理：清楚解理
断口：贝壳状至参差状
硬度：2 ~ 2.5
比重：5.55 ~ 5.64
颜色：猩红色、黑色锖色
条痕色：猩红色
光泽：金刚光泽至半金属光泽；透明至半透明

硫砷银矿与硫锑银矿有许多相同的物理特征，但呈更亮的红色，并且可以是透明的。它的比重也略低。硫砷银矿形成于热液矿脉中，与其他硫化物、银、方铅矿、石英、方解石、白云石和黄铁矿共生。和硫锑银矿一样，硫砷银矿溶于硝酸，并且很容易熔化。

下图　来自德国萨克森弗赖堡的硫砷银矿

**黝铜矿**【化学成分: $Cu_{12}Sb_4S_{13}$】

晶系：立方晶系
矿物习性：晶体为四面体状，常有双晶；集合体为块状、致密块状和颗粒状
解理：无
断口：参差状至半贝壳状
硬度：3 ~ 4.5
比重：4.6 ~ 5.1
颜色：灰色至黑色
条痕色：黑色至棕色，或略带红色
光泽：金属光泽；不透明

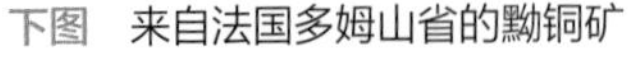

下图　来自法国多姆山省的黝铜矿

黝铜矿与砷黝铜矿为一个矿物系列。黝铜矿含锑，而砷黝铜矿则含砷。黝铜矿形成于热液矿脉中，和一些典型的矿脉矿物，如闪锌矿、方铅矿、黄铜矿、萤石、重晶石、方解石和石英共生。它也出现在伟晶岩中。黝铜矿溶于硝酸。

**砷黝铜矿**【化学成分: $Cu_{12}As_4S_{13}$】

晶系：立方晶系
矿物习性：晶体为四面体状，通常有双晶；集合体为块状、粒状和致密块状
解理：无
断口：参差状至半贝壳状
硬度：3 ~ 4.5
比重：4.59 ~ 4.75
颜色：灰色至黑色
条痕色：黑色至棕色或暗红色
光泽：金属光泽；不透明

下图　来自秘鲁的砷黝铜矿

砷黝铜矿和黝铜矿为一个矿物系列，具有许多相同的特性，很难从外形上区分这两种矿物。砷黝铜矿产自热液矿脉中，与黄铁矿等硫化物以及菱铁矿、石英、重晶石、萤石、方解石和白云石共生。砷黝铜矿易溶于硝酸。

## 砷化物

**红砷镍矿**【化学成分：NiAs】

晶系：六方晶系
矿物习性：多呈肾形、块状、浸染状、柱状；晶体很少见，为小的锥形状
解理：无
断口：参差状
硬度：5 ~ 5.5
比重：7.78
颜色：铜红色、灰色至黑色锖色
条痕色：棕黑色
光泽：金属光泽；不透明

红砷镍矿存在于热液矿脉中，通常与其他含镍矿物以及化学结构中含有银和钴的矿物共生。它也形成于基性火成岩苏长岩（辉长岩的一种）中，由超基性岩蚀变形成的矿床中常含有红砷镍矿以及黄铜矿、辉钴矿、磁黄铁矿、毒砂和重晶石。其易溶于硝酸。加热时，由于其中含砷，会产生大蒜的气味。这种矿物的另一个名称是红镍矿。

左图　来自西班牙安达卢西亚地区的红砷镍矿

**方钴矿**【化学成分：$CoAs_3$】

晶系：立方晶系
矿物习性：通常呈颗粒状和块状；晶体少见，为立方体或八面体状
解理：清楚解理
断口：参差状
硬度：5.5 ~ 6
比重：6.1 ~ 6.9
颜色：锡白色
条痕色：黑色
光泽：金属光泽；不透明

方钴矿形成于含有镍和钴矿物的热液矿脉中。伴生矿物包括硫化盐类、毒砂、红砷镍矿、辉钴矿、重晶石、方解石和菱铁矿，有时还能发现天然银。当失去金属光泽后，方钴矿会变成灰色或红色。加热时会产生大蒜气味。

下图　来自德国黑森州里奇尔斯多夫的方钴矿

**砷铂矿**【化学成分：$PtAs_2$】

晶系：立方晶系
矿物习性：晶体通常为立方体或八面体；集合体为块状
解理：不清晰解理
断口：贝壳状
硬度：6 ~ 7
比重：10.46 ~ 10.6
颜色：浅锡白色
条痕色：黑色
光泽：金属光泽；不透明

下图　来自南非林波波沃特伯格区的砷铂矿

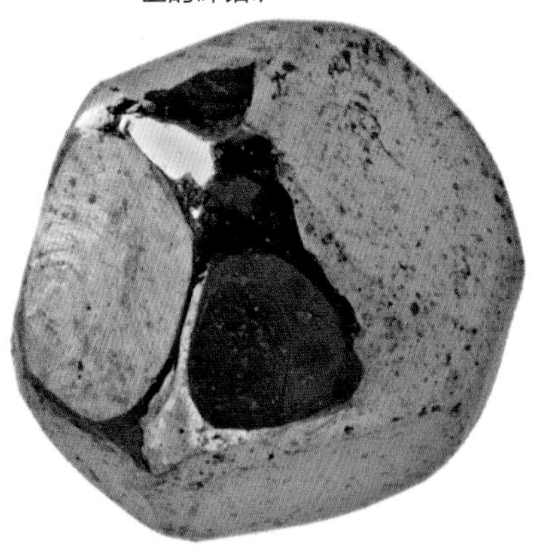

这种矿物是黄铁矿族矿物中的砷化物。它的晶体结构与黄铁矿相似。砷铂矿赋存于经历过接触变质作用的岩石中，由于其高比重、高硬度和耐风化的特性，常见于河流砾石和砂中。有时与铜蓝伴生。砷铂矿是分布最广的含铂矿物，在美国、加拿大、芬兰、西伯利亚、南非和澳大利亚均有发现。

## 碲化物

**针碲金银矿**【化学成分：$AuAgTe_4$】

晶系：单斜晶系
矿物习性：集合体常为颗粒状、结晶状和裂块状；晶体呈平板状或棱柱状，常有双晶
解理：完全解理
断口：参差状
硬度：1.5 ~ 2
比重：8.16
颜色：银白色，少见黄色
条痕色：银白色
光泽：金属光泽；不透明

这种矿物的化学式中既含有金也含有银,因此具有很高的比重。它形成于热液矿脉，与金、石英、萤石、黄铁矿和其他硫化物、碳酸盐（如菱锰矿和方解石）以及其他碲化物共生。它可溶于硝酸，在强光下会失去金属光泽。如果试样在硫酸中加热，溶液会变成红色。

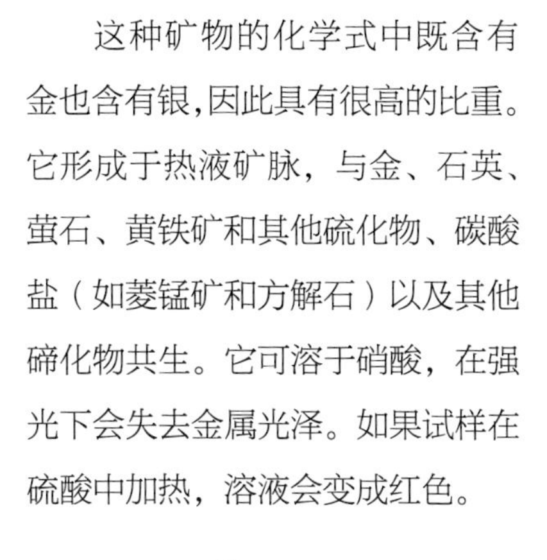

右图　来自美国科罗拉多州特勒县克里普尔克里克的针碲金银矿

# 卤化物

这类矿物由金属元素与卤素元素（如氟、溴和氯）结合所形成。

**石盐**【化学成分：NaCl】

晶系：立方晶系
矿物习性：晶体为立方体，通常有阶梯状凹面（漏斗状晶体），少见八面体；集合体为块状、致密块状和颗粒状
解理：完全解理
断口：贝壳状或参差状
硬度：2.5
比重：2.1～2.2
颜色：无色、白色、红色、橙色、黄色、蓝色、紫色
条痕色：白色
光泽：玻璃光泽，树脂光泽；透明至半透明

下图　来自波兰威利兹卡的石盐

石盐产于蒸发岩沉积中，由咸水（如海洋潟湖或内陆盐湖）干涸而成。水溶液中的各种化学盐分按顺序依次沉淀，最不易溶解的先沉淀，最易溶解的（包括石盐）最后沉淀。与石盐共生的蒸发岩矿物包括石膏和钾盐。其通常与黏土等沉积岩形成互层。石盐的沉积物厚度可能只有几厘米，也可能达数百米。石盐也可以是火山口周围的升华产物。它有明显的咸味，被人类用来烹饪和进行腌制食物。它可以在冷水中溶解。

## 钾盐【化学成分：KCl】

晶系：立方晶系
矿物习性：晶体立方体，少见八面体；集合体为块状、结壳状和颗粒状
解理：完全解理
断口：参差状
硬度：1.5～2
比重：2
颜色：无色、白色、灰色、黄色、蓝色或紫色，含铁矿物包裹体时为红色
条痕色：白色
光泽：玻璃光泽；透明

下图　钾盐

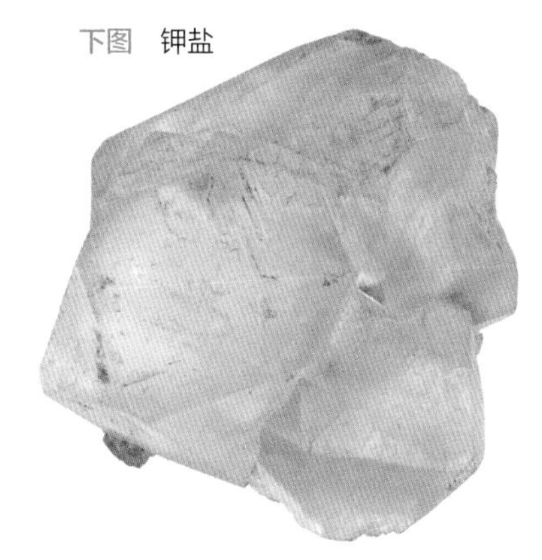

钾盐与石盐、石膏、硬石膏、光卤石和杂石盐一起出现在蒸发岩矿床中，也可以是火山升华的产物。其有苦味，易溶于冷水。易熔化，燃烧时为紫红色火焰。钾盐作为钾碱的重要成分，在工业上有着广泛的应用，包括生产农业肥料。主要矿床位于加拿大萨斯喀彻温省。

## 氯银矿【化学成分：AgCl】

晶系：立方晶系
矿物习性：晶体立方体，但极少见；集合体为块状、薄片状，或如蜡质涂层般覆盖岩石表面
解理：无
断口：参差状或半贝壳状
硬度：2.5
比重：5.55
颜色：灰色、绿灰色、淡黄色，在光照下可变成棕紫色
条痕色：白色
光泽：树脂光泽，金刚光泽；透明至半透明

下图　来自澳大利亚新南威尔士州布罗肯希尔的氯银矿

氯银矿是银的氯化物，在含银矿脉（特别是在干旱气候地带）中的氧化带中形成。常与天然银、方铅矿、白铅矿、磷氯铅矿、砷铅矿、钼铅矿和孔雀石伴生。它不溶于酸或水，但能溶于氨水。氯银矿能在火焰中熔化。

**光卤石**
【化学成分：$KMgCl_3.6H_2O$】

晶系：斜方晶系
矿物习性：晶体罕见，为锥形状假六方体或平板状晶体；集合体为块状和颗粒状
解理：无
断口：贝壳状
硬度：2.5
比重：1.6
颜色：无色、白色、黄色，有时因含铁而略带红色
条痕色：白色
光泽：油脂光泽；透明到半透明的

下图　来自德国下萨克森州哥廷根的光卤石

光卤石是一种蒸发岩矿物，和石盐、石膏、硬石膏、钾盐和杂卤石共生。和许多蒸发岩矿物一样，它可溶于冷水，有苦咸的味道。当置于火焰中时，由于化学结构中含有钾，其很容易熔化，并且火焰呈紫色。由于它具有潮解性，会在空气中吸水溶解，因此必须保存在气密容器中。

## 冰晶石【化学成分：$Na_3AlF_6$】

晶系：单斜晶系
矿物习性：罕见晶体，为假立方体和棱柱状，通常有双晶和条纹状；集合体常为粒状和块状
解理：无
断口：参差状
硬度：2.5
比重：2.97
颜色：无色、白色、褐色、红色、黄色
条痕色：白色
光泽：玻璃光泽，油脂光泽；透明至半透明

下图　来自格陵兰阿苏克峡湾的冰晶石

冰晶石是在某些火成伟晶岩中形成的一种稀有矿物，可与萤石、菱铁矿、星叶石、钠闪石、锆石和黄玉共生。当它在水中，很难被发现。冰晶石因为化学成分中的钠很容易熔化，并使火焰呈黄色。其溶于硫酸。冰晶石曾被用作铝矿石而进行开采。

## 羟铜铅盐
【化学成分：$Pb_2CuCl_2(OH)_4$】

晶系：四方晶系
矿物习性：晶体呈平板状；集合体呈块状、板状和颗粒状
解理：完全解理
断口：贝壳状
硬度：2.5
比重：5.42
颜色：深蓝色
条痕色：淡蓝色
光泽：玻璃光泽；透明至半透明

下图　来自美国亚利桑那州的羟铜铅盐

羟铜铅盐形成于热液矿脉中，由原生矿物因被风化或被从深处上升的流体发生蚀变所形成。与银铜氯铅矿、白铅矿、青铅矿、水白铅矿、铅蓝矾和氯铜矿共生。羟铜铅盐也可以出现在开采锰矿石的矿场中，或者在与海水接触而蚀变后的冶炼炉渣中。

**氯铜矿**【化学成分：$Cu_2Cl(OH)_3$】

晶系：斜方晶系
矿物习性：晶体棱柱状和平板状，常具条纹，通常有双晶；集合体为颗粒状、块状、结壳状和纤维状
解理：完全解理
断口：贝壳状
硬度：3 ~ 3.5
比重：3.76
颜色：亮绿色至深绿色
条痕色：苹果绿
光泽：金刚光泽至玻璃光泽；透明至半透明

下图　来自智利卡拉科莱斯的氯铜矿

氯铜矿通常以次生矿物的形式形成于铜矿床的氧化带（尤其是在干旱的气候条件下）中。它通常与孔雀石、蓝铜矿、青铅矿、水胆矾、赤铜矿和石英伴生。氯铜矿还可以出现在火山口和火山喷气孔周围以及海底黑烟囱周围的覆盖物中。

**银铜氯铅矿**【化学成分：$Pb_{26}Ag_{10}Cu_{24}Cl_{62}(OH)_{48}.3H_2O$】

晶系：立方晶系
矿物习性：假立方体晶体
解理：完全解理
断口：参差状
硬度：3 ~ 3.5
比重：5.05
颜色：深蓝色
条痕色：蓝色
光泽：玻璃光泽，珍珠光泽；半透明

银铜氯铅矿是铅、银和铜的一种复合卤化物，由富含氯化物溶液的过

滤作用改变了铅和铜矿床中原始矿物而形成。它可以与其他卤化物一起在黏土中被发现，并且通常与假氯铜银铅矿伴生，假氯铜银铅矿是一种和银铜氯铅矿非常相似但化学成分略有不同的矿物。银铜氯铅矿易在火焰中熔化，溶于硝酸，不溶于水。

下图　来自墨西哥下加利福尼亚州博莱奥的银铜氯铅矿

**萤石**【化学成分：$Pb_2CuCl_2(OH)_4$】

晶系：四方晶系
矿物习性：晶体呈平板状；集合体呈块状、板状和颗粒状
解理：完全解理
断口：贝壳状
硬度：2.5
比重：5.42
颜色：深蓝色
条痕色：淡蓝色
光泽：玻璃光泽；透明至半透明

下图　来自英国诺森伯兰郡圣彼得矿的萤石

萤石是热液矿脉中常见的矿物，与方解石、石英、重晶石、方铅矿、闪锌矿共生。它也形成在温泉周围，并作为一种副矿物出现在花岗岩中。其带状条纹颜色多样，蓝块萤石因其主要为紫色、白色和无色的漂亮条带纹路而被用于装饰。萤石因其能够形成丰富的颜色种类而使它成为矿物收藏家的热门藏品。萤石因其所含的氟而在炼钢中被用作助溶剂以除去杂质。

# 氧化物和氢氧化物

氧化物矿物是由各种元素与氧元素结合而成的。这些矿物的外观和特性差别很大。其中氧化铁、赤铁矿、磁铁矿等都是重要的金属矿石。刚玉硬度高，而它的宝石品种红宝石和蓝宝石更是因为漂亮的外观被人们视作珍宝。氢氧化物是由各种元素与氢氧离子（OH−）结合而成的化合物。

## 氧化物

**冰**【化学成分：$H_2O$】

晶系：六方晶系
矿物习性：冰晶体通常形成星状，呈六射形，扁平的晶体，常有双晶；集聚体形态可作为六方柱体或者水体表面细长条状晶体的集合体；冰雹是小的球状冰块，内部为同心结构
解理：无
断口：贝壳状
硬度：1.5
比重：0.92
颜色：无色；当有气泡夹杂时也呈白色；如果形成较厚的冰层，它可能是淡蓝色至蓝绿色
条痕色：无色
光泽：玻璃光泽；透明

冰是水的固相形态，在正常地表压力下在 0 摄氏度以下形成。它形成于水面，尤其是水流不快的地方。不过在极度寒冷的情况下，甚至瀑布也可能被冻结成固体冰块。冰通常是一种气象现象的产物，以雪、冰雹和霜

的形式出现。在山区和极地地区，如果温度长期低于 0 摄氏度，就会形成大量的冰，从而发育成冰川，其可存在数千年之久。

右图　冰晶体

**尖晶石**【化学成分：$MgAl_2O_4$】

晶系：立方晶系
矿物习性：晶体为八面体，少见立方体或十二面体，通常有双晶；集聚体有块状、致密块状和颗粒状
解理：无
断口：贝壳状至参差状
硬度：7.5 ~ 8
比重：3.6 ~ 4.1
颜色：红色、绿色、棕色、黑色、蓝色
条痕色：白色
光泽：玻璃光泽；透明至不透明

尖晶石是一种广泛分布的矿物，形成于多种变质岩中，包括大理岩、片麻岩和蛇纹岩。在一些基性火成岩中也有发现。在橄榄岩等超基性岩中，出现的一种含铬尖晶石，被认为是在地幔深处形成的。由于硬度高，尖晶石较抗侵蚀，会以冲积砂矿床的形式出现在河流砾石和沙子中。它的熔点极高，无法被溶解。品相好的标本能够成为珍贵的宝石。人造尖晶石已被商用。

左图　来自缅甸抹谷的尖晶石

**锌尖晶石【化学成分：$ZnAl_2O_4$】**

晶系：立方晶系
矿物习性：晶体呈八面体，少见立方体或十二面体，通常有双晶；集聚体为块状、致密块状和颗粒状
解理：不清晰解理
断口：贝壳状至参差状
硬度：7.5 ~ 8
比重：4.62
颜色：蓝黑色、绿黑色、黄色、棕色
条痕色：灰色
光泽：玻璃光泽至油脂光泽；半透明至不透明

下图　来自德国莱茵兰普法尔茨州的锌尖晶石

与尖晶石关系紧密，不同在于锌尖晶石中含有锌而不是尖晶石中的镁。它形成于变质岩（尤其是片岩和大理岩）以及火成岩中。锌尖晶石也出现在置换矿床中，并作为闪锌矿的蚀变产物。伴生矿物包括石英、黄铁矿、黄铜矿、刚玉、十字石和磁黄铁矿。与尖晶石一样，冲击矿床的砂子和砾石中也可以发现锌尖晶石。

**红锌矿【化学成分：ZnO】**

晶系：六方晶系
矿物习性：晶体为锥体状；集聚体为颗粒状、块状和薄片状
解理：完全解理
断口：贝壳状
硬度：4
比重：5.64 ~ 5.68
颜色：橙黄色、深黄色、深红色
条痕色：橙色黄色
光泽：半金刚光泽；透明至半透明

红锌矿形成于接触变质作用改变的岩石中，也可以作为锌矿床蚀变带中的次生矿物。伴生矿物有锌铁尖晶石、方解石、硅锌矿、异极矿、闪锌矿、菱锌矿和锰橄榄石。红锌矿溶于盐酸，但无法在火焰中熔化。它是深得收藏家喜爱的稀有矿物。其中最著名的产地在美国新泽西州的富兰克林。它也在西

班牙、波兰、意大利、纳米比亚和澳大利亚被发现。

右图　来自美国新泽西州的红锌矿

### 锌铁尖晶石
【化学成分：(Zn, Mn) $Fe_2O_4$】

晶系：立方晶系
矿物习性：晶体为八面体，通常有圆形边缘；集聚体为块状、颗粒状和致密块状
解理：无
断口：参差状至半贝壳状
硬度：5.5 ~ 6
比重：5.07 ~ 5.22
颜色：黑色
条痕色：黑色或红棕色
光泽：金属光泽或无光泽；不透明

下图　来自美国新泽西州的锌铁尖晶石

锌铁尖晶石是尖晶石族的一员，形成于变质石灰岩中的锌矿床内，和许多其他矿物（包括石榴石、硅锌矿、红锌矿、方解石和蔷薇辉石）共生。它有磁性，并且磁性可以随着加热而增加。它在火焰中不熔化，但可在盐酸中溶解。锌铁尖晶石是一种稀有矿物。这种矿物主要产于美国新泽西州的富兰克林和斯特林。

**赤铜矿**【化学成分：$Cu_2O$】

晶系：立方晶系
矿物习性：晶体为立方体、十二面体或八面体；集聚体为块状、颗粒状、席状和毛状结构
解理：不完全解理
断口：贝壳状至参差状
硬度：3.5 ~ 4
比重：6.14
颜色：暗红色至棕红色和黑色
条痕色：棕红色
光泽：金刚光泽或半金属光泽至土状光泽；半透明至透明或不透明

下图　赤铜矿

这种广泛分布的矿物形成于铜矿床的氧化带内。它与许多矿物伴生，包括孔雀石、蓝铜矿、天然铜、辉铜矿和氧化铁。当暴露在空气中时，赤铜矿可能会失去光泽。由于含铜，赤铜矿熔化时，可使火焰呈绿色。赤铜矿可溶于浓酸。其中一种因毛发状晶体结构被称为毛赤铜矿的种类被矿物收藏家们视若珍宝。

**赤铁矿**【化学成分：$Fe_2O_3$】

晶系：三方晶系
矿物习性：晶体为平板状、菱形状、锥形状、棱柱状，经常有条纹和双晶，集聚体为块状、纤维状、葡萄状、肾形、致密块状、颗粒状、钟乳状
解理：无
断口：参差状至半贝壳状
硬度：5 ~ 6
比重：5.26
颜色：黑色、红色
条痕色：深红色至棕红色
光泽：金属光泽至无光泽；不透明

下图　来自英国坎布里亚郡的克利特穆尔镜铁矿

左图　来自英国坎布里亚郡的赤铁矿呈现葡萄状结构

下图　来自英国坎布里亚郡的赤铁矿

赤铁矿有多种形式。当板状晶体呈簇状组成时，有时会被叫作铁玫瑰；具有肾形习性的球状聚集则被称为肾铁矿，而以暗金属色晶体聚集体形式出现的则叫镜铁矿。赤铁矿是一种非常重要的铁矿石；它可以分布在超过 300 米厚的层状堆积中。它也作为副矿物存在于火成岩和矿脉中，尤其是作为交代矿物。赤铁矿是沉积岩中常见的蚀变矿物，并使之呈红色。当加热时，赤铁矿具有磁性，但不会熔化。可在加热的浓盐酸中溶解。

**铬铁矿**【化学成分：$FeCr_2O_4$】

晶系：立方晶系

矿物习性：晶体为八面体，比较罕见；集聚体为块状和颗粒状

解理：无

断口：参差状

硬度：5.5

比重：4.5 ~ 4.8

颜色：黑色

条痕色：深棕色

光泽：金属光泽；不透明

下图　来自俄罗斯斯维尔德洛夫斯克州的铬铁矿

铬铁矿形成于超基性岩和蛇纹石化火成岩中，通常与磁铁矿、磁黄铁矿、滑石和辉石共生。某些冲积砂矿内的砂和砾石中也含有铬铁矿，它也同时出现在陨石和月球玄武岩中。其具有弱磁性，不溶于酸；无法在火焰中熔化。这种广泛分布的矿物是提炼金属铬最重要的矿石，铬被用作熔炼钢的合金材料以及金属和陶瓷的表面镀层。

**钛铁矿**【化学成分：$FeTiO_3$】

晶系：三方晶系
矿物习性：晶体为平板状，有时有双晶；集聚体为颗粒状、块状和片状
解理：无
断口：贝壳状至参差状
硬度：5 ~ 6
比重：4.68 ~ 4.76
颜色：黑色
条痕色：黑色
光泽：金属光泽至无光泽；不透明

钛铁矿是各种火成岩和一些变质岩中的一种副矿物。伴生矿物包括赤铁矿、磁铁矿、磷灰石、金红石和磁黄铁矿。冲积砂矿中许多细小的水磨的钛铁矿和磁铁矿颗粒的聚集可以使其呈现黑色。在陨石中也可以发现钛铁矿。当其为粉末状时，可溶于浓盐酸。加热后所含磁性变弱。

右图　来自俄罗斯车里雅宾斯克州伊尔曼山脉的钛铁矿

**磁铁矿**【化学成分：$Fe_3O_4$】

晶体系统：立方晶系
矿物习性：晶体为八面体或十二面体，条纹状，通常有双晶，集聚体呈块状、颗粒状和致密块状
解理：无
断口：参差状至半贝壳状
硬度：5.5 ~ 6.5
比重：5.17
颜色：黑色
条痕色：黑色
光泽：金属光泽至无光泽，不透明

下图　来自意大利皮埃蒙特市的磁铁矿

磁铁矿常在火成岩和富含硫化物的矿脉中形成。在某些变质岩中，它也是一种重要的副矿物，在冲积砂矿中也有富集。这种矿物的名字说明了它有磁性；它能吸引铁屑并使指南针发生偏转。正因其后者的特点过于明显，以至于在磁铁矿相对丰富的地区，如玄武质和辉长质岩石中，指南针会给出错误的指示。磁铁矿是铁矿石中的一个主要种类，曾被称为磁石。

**软锰矿**【化学成分：$MnO_2$】

晶系：四方晶系
矿物习性：晶体为棱柱状；集聚体为块状、纤维状、柱状、致密块、土状、凝固状、钟乳状或树枝状
解理：完全解理
断裂：参差状
硬度：2 ~ 6.5
比重：5.04 ~ 5.08
颜色：黑色至深灰色
条痕色：黑色或蓝黑色
光泽：金属光泽至无光泽；不透明

下图　软锰矿

软锰矿是由富锰矿物蚀变形成的，通常作为矿脉中的次生矿物。它也出现在海底结核中，或者

在沼泽和湖泊中沉淀。有一种树枝状的类型会存在于沉积岩的层面上，非常类似于植物化石。这种矿物可溶于盐酸，但在火焰中不熔化。当处理较软的标本时，手上会留下暗色、烟熏般的痕迹。软锰矿是一种重要的锰矿。

下图　来自意大利厄尔巴岛阿尔伯奥山的软锰矿

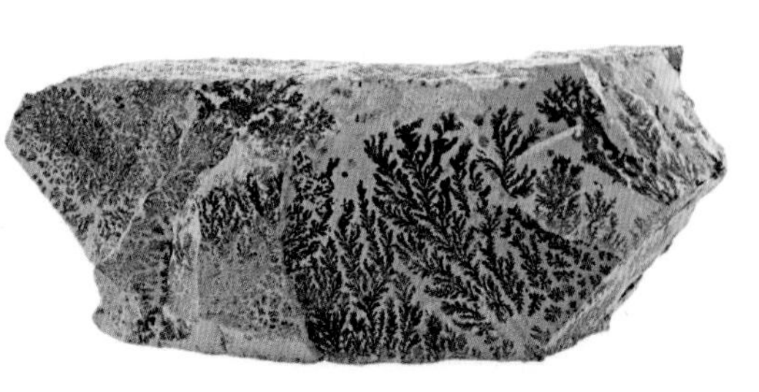

**金绿宝石**【化学成分：$BeAl_2O_4$】

晶系：斜方晶系
矿物习性：晶体为平板状、棱柱状、条纹状，通常有双晶；集聚体为块状和颗粒状。
解理：清楚解理
断口：贝壳状至参差状
硬度：8.5
比重：3.75
颜色：各种深浅的绿色、黄色、棕色、灰色
条痕色：白色
光泽：玻璃光泽，有时有猫眼效应；透明到半透明

下图　来自巴西的金绿宝石，呈现出双晶

金绿宝石形成于各种变质岩中，包括片岩、片麻岩和大理岩。它也存在于伟晶岩中，因其硬度高，抗侵蚀，会出现在河砂和冲积砂矿中。一些绿色品种在荧光灯和白炽灯的照射下，颜色由绿色变为红色；其被称为变石，并被视为宝石。金绿宝石不溶于水，熔点极高。

左图　来自津巴布韦金绿宝石中的变石

**锡石**【化学成分：$SnO_2$】

晶系：四方晶系
矿物习性：晶体为棱柱状或双锥状，通常有双晶；集聚体主要为颗粒状和块状，很少为肾形、葡萄状或结节状
劈理：不完全解理
断口：半贝壳状至参差状
硬度：6 ~ 7
比重：6.98 ~ 7.01
颜色：通常呈棕色至黑褐色
条痕色：常呈浅棕色
光泽：金刚光泽，玻璃光泽；断口呈油腻状；透明至几乎不透明

左图　来自英国康沃尔郡的锡石假象

下图　来自葡萄牙布朗库堡的锡石

锡石形成于热液矿脉和交代作用蚀变的岩石中。它出现在受接触变质

作用影响的岩石和花岗质伟晶岩中，与电气石、石英、钨锰铁矿、黄玉、铋矿物、辉钼矿和黄铜矿伴生。在冲积砂矿中也有发现。锡石的熔化温度很高，不易溶于酸。锡石是锡的主要原料来源，用于镀锡和玻璃制造业。

**刚玉【化学成分：$Al_2O_3$】**

晶系：三方晶系
矿物习性：晶体呈棱柱状、平板状、菱形状、筒形，具条纹和双晶；集聚体为颗粒状、块状、刃状和致密块状
解理：无
断口：贝壳状至参差状
硬度：9
比重：3.95～4.1
颜色：棕色、灰色、蓝色、红色、橙色、绿色、黄色、紫色、无色
条痕色：白色
光泽：玻璃光泽至金刚光泽；透明至半透明

刚玉莫氏硬度为 9，仅次于金刚石。它出现在各种变质岩（包括片岩、片麻岩和大理岩）以及火成岩（包括花岗岩、正长岩）中。其红色（红宝石）和蓝色（蓝宝石）

上图　来自津巴布韦的被切割成六角形的刚玉晶体

上图　来自印度迈索尔的刚玉红宝石

下图　来自英国马尔市的巨型蓝宝石

上图　来自津巴布韦的六角形刚玉晶体

左图　来自印度迈索尔的红宝石

的种类因其颜色、硬度、透明度和光泽极具观赏性而被视为宝石。宝石级刚玉的颜色可能是由于矿物中的其他金属所致。例如，红宝石是因为含铬，蓝宝石则是含铁和钛。刚玉的粒状、致密块状的形式被称为金刚砂。由于刚玉的硬度，它被用作研磨材料。在砂矿床、冲积砂和砾石中经常发现宝石级刚玉；红宝石是指红色的宝石品种，所有其他颜色的宝石品种都被叫作蓝宝石，当然其中最著名的还是蓝色的蓝宝石。

**金红石**【化学成分：$TiO_2$】

晶系：四方晶系
矿物习性：晶体为棱柱状、针状，具条纹和双晶，少见锥形状；集聚体为颗粒状、块状和致密块状
解理：清楚解理
断口：贝壳状至参差状
硬度：6
比重：4.2～4.3
颜色：红色、棕色、橙色、黄色、黑色
条痕色：浅棕色或淡黄色
光泽：金刚光泽至半金属光泽；透明至半透明或不透明

下图　来自美国佐治亚州林肯公司的棱柱状金红石

金红石形成于各种变质岩（包括大理岩、石英岩、片麻岩和片岩）中，也可作为某些火成岩中的副矿物。金红石有一种著名而漂亮的产状是在石英中以细长分散针状物形式存在。它们在石英中的分布可呈束状或星状。金红石的成分与锐钛矿、板钛矿相同（不同的原子结构的其他二氧化钛），但金红石是二氧化钛矿物里最常见的。它是一种不溶性矿物，加热时不熔化。金红石是一种重要的钛矿石。

下图　来自巴西米纳斯吉拉斯州石英内的金红石

**沥青铀矿【化学成分：$UO_2$】**

晶系：立方晶系
矿物习性：晶体为立方体、八面体、十二面体；集聚体呈块状、颗粒状、葡萄状和柱状；少见纤维状
解理：不清晰解理
断口：贝壳状至参差状
硬度：3 ~ 5
比重：6.5 ~ 8.5
颜色：黑色、棕色、灰色、绿色
条痕色：黑色、褐黑色、灰色、绿色
光泽：半金属光泽或油脂光泽；不透明

下图　来自捷克共和国的沥青铀矿

沥青铀矿形成于热液矿脉、花岗岩、正长伟晶岩和沉积岩中。这种矿物具有高放射性，是铀的主要来源。矿石中常含有铅，因为铀矿中的铀会自然衰变并产生铅。这种衰变过程常被用于岩石的放射性定年。铀矿

不溶于盐酸，但溶于硝酸、硫酸和氢氟酸。加热时不会熔化。

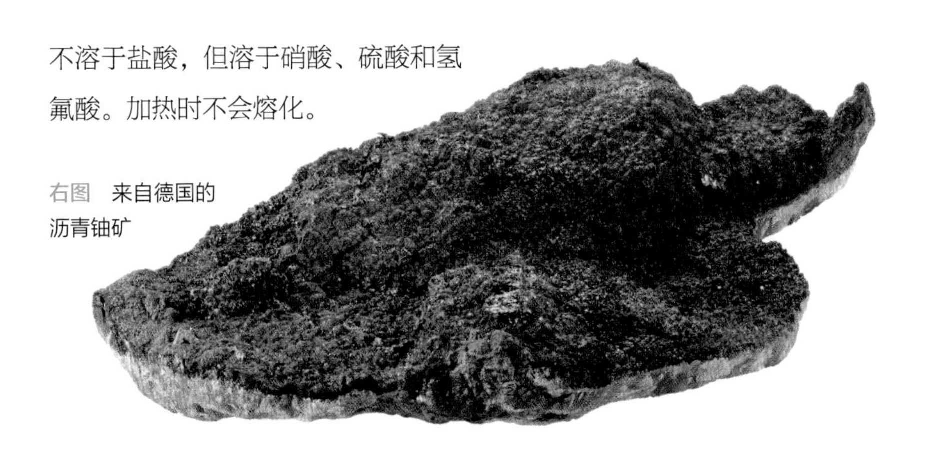

右图　来自德国的沥青铀矿

**石英**【化学成分：$SiO_2$】

晶系：三方晶系
矿物习性：晶体为棱柱状、锥形状，具条纹，双晶；可能被扭曲；集聚体为块状、颗粒状和凝块状
解理：无
断口：贝壳状至参差状
硬度：7
比重：2.65
颜色：无色、白色、灰色、黄色、绿色、紫色、粉色、棕色、黑色
条痕色：白色
光泽：玻璃光泽；透明至半透明

石英是一种常见的矿物，是许多火成岩的基本组成部分，尤其是酸性火成岩，如花岗岩。它也出现在片岩和片麻岩等各种变质岩中，以及作为砂岩和各种沉积岩中的碎屑颗粒。石英在矿脉中也很常见，

下图　来自德国莱茵兰－普法尔茨州伊达尔奥伯施泰因的紫水晶

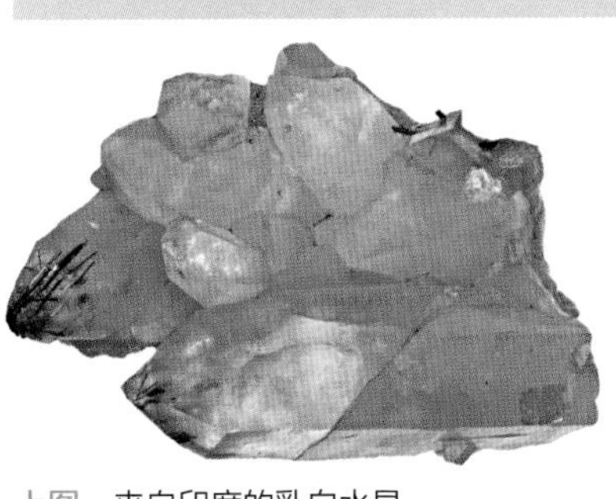

上图　来自印度的乳白水晶

与金属矿石共生。许多参考文献将石英列为硅酸盐，但确切地说，它是硅的氧化物。由于其硬度和颜色的多样性，石英常被用作宝石。比如无色透明的水晶，其内通常含有金红石的针状物晶体。当其为白色时，被称为乳白水晶。紫水晶是紫色的石英，这种透明至半透明的水晶是一种极具魅力的宝石。烟水晶的颜色可以是浅棕色到几乎黑色。而极深颜色的水晶则叫墨晶。黄水晶的颜色是淡黄色到红棕色。一种漂亮的拥有浅粉色到深玫瑰粉色的石英称为玫瑰水晶；其很少以晶体的形式出现，通常呈现块状形态。隐晶质石英是晶体微小而且发育不完整的种类。玉髓就是一种隐晶质石英，具有微细纤维状晶体结构；它通常以葡萄状和结核的形式出现，颜色多样。

左图　来自瑞士乌里市的水晶

右图　来自巴西米纳斯吉拉斯州的玫瑰水晶

下图　来自巴西的黄水晶

右图　来自瑞士的烟水晶

条带状结构的隐晶质石英被称为玛瑙；其经常以同心条带块状的形式出现在玄武质火成岩中的空洞和杏仁构造中。因为其比包裹它的岩石要坚硬，所以玛瑙往往是由熔岩风化而成。玛瑙常用于珠宝。缟玛瑙是一种条带平直且相互平行的玛瑙。绿玉髓是一种富含镍的绿色玉髓，而红玉髓则是一种半透明的红橙色玉髓。一种红色不透明的隐晶质石英被称为碧玉。燧石和火石是一种不连续的、结核状和块状的隐晶质石英，通常见于石灰岩中。所有这些石英种类的不同颜色可能是由于晶体结构中不同微量元素（如猛、铁）以及其他矿物的微小包裹体所造成的。

上图　来自澳大利亚昆士兰州马尔伯勒的绿玉髓

右图　来自墨西哥拉古纳的玛瑙

上图　碧玉

右图　来自印度的红玉髓

**蛋白石**【化学成分：$SiO_2.nH_2O$】

晶系：无
矿物习性：块状、球状、致密块状、土状、肾状、葡萄状、钟乳石状和结核状
解理：无
断口：贝壳状
硬度：5 ~ 5.5
比重：1.9 ~ 2.3
颜色：无色、白色、浅蓝色，淡黄色、红棕色、棕色、绿色、灰色、黑色，偶尔有非常艳丽的五颜六色的内部特征
条痕色：白色
光泽：玻璃光泽至树脂光泽，珍珠光泽和蜡状光泽；透明至几乎不透明

下图　来自澳大利亚的火蛋白石

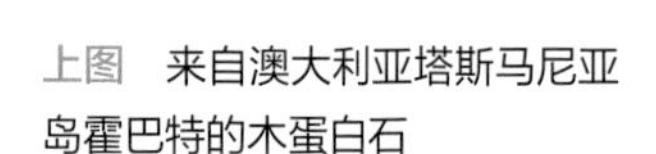

上图　来自澳大利亚塔斯马尼亚岛霍巴特的木蛋白石

左图　来自澳大利亚的贵蛋白石中的铁欧泊

蛋白石可以在地表或地表附近各种各样的地质情况下形成，特别是在温泉周围由富含二氧化硅的水沉淀而来。蛋白石有许多宝石品种深受人们的喜爱。贵蛋白石就被广泛应用于制作珠宝首饰，因为其内部可以看到鲜

艳的色彩，这是由其内部结构微小的二氧化硅球体折射光线的结果。当加热时，其化学式中的水会被去除，鲜艳的颜色就会消失。火蛋白石因其结构中含有铁而呈棕红色。它的性质与贵蛋白石相似。木蛋白石是一种木头化石，其植物成分已被蛋白石交代。它通常保留了木头的同心生长纹，颜色为褐色至黑色。

**铌铁矿系列**
【化学成分：$(Fe,Mn)(Nb,Ta)_2O_6$】

晶系：斜方晶系
矿物习性：晶体为平板状、棱柱状、锥形状，通常有双晶；集聚体为块状、致密块状
解理：清楚解理
断口：半贝壳状至参差状
硬度：6
比重：5.2 ~ 6.25
颜色：黑色或淡绿色
条痕色：黑色至棕黑色
光泽：半金属光泽；不透明

下图　来自美国波特兰县的铌铁矿

严格来说，这是两种矿物，分别是铌铁矿和铌锰矿，这取决于成分是富含铁还是锰。这些矿物形成于由风化和侵蚀作用形成的伟晶岩和砂矿床中。它们与多种矿物伴生，包括石英、电气石、绿柱石、锂辉石、云母、锡石和长石。铌铁矿的化学成分与钽铁矿、钽锰矿非常相似，这四种矿物构成了一个系列。钽铁矿具有更高的比重，约为 8，是钽的主要来源。钽是一种耐腐蚀的金属。这些来自同一地质环境的类似矿物被统称为钶钽铁矿。

## 钙钛矿【化学成分：$CaTiO_3$】

晶系：斜方晶系
矿物习性：晶体为假立方体和假八面体，具条纹，有时有双晶；集聚体为块状、颗粒状、肾形和片状。
解理：不完全解理
断口：半贝壳状至参差状
硬度：5.5
比重：3.98 ~ 4.26
颜色：深棕色、黑色、琥珀色、黄色
条痕色：浅灰色
光泽：金刚光泽，金属光泽，无光泽；透明至不透明

下图　来自俄罗斯车里雅宾斯克州的钙钛矿

钙钛矿形成于基性和超基性火成岩中；是地壳深部岩石的重要组成部分。它也作为金伯利岩中的副矿物。钙钛矿也能出现在某些变质岩（如富含滑石的片岩）中和接触变质作用蚀变的石灰岩中。这种矿物不会在火焰中熔化，但可以在加热的硫酸中溶解。

## 烧绿石族【化学成分：$(Na,Ca,U)_2(Nb,Ta,Ti)_2O_6(OH,F)$】

晶系：立方晶系
矿物习性：晶体为八面体；集聚体为颗粒状和土状
解理：清楚解理
断口：半贝壳状至参差状
硬度：5 ~ 5.5
比重：4.45 ~ 4.9
颜色：黄棕色、红棕色、棕色、黑色
条痕色：褐色至淡黄色
光泽：玻璃光泽或树脂光泽；半透明至不透明

右图　来自俄罗斯车里雅宾斯克州的烧绿石

烧绿石一词并非一种矿物名称，而是指一组结构相同但化学成分不同的非常相似的矿物。上表化学式中的

所有元素都可以相互替代，不同的组合产生不同的矿物名称，如氟钠细晶石和氧钙烧绿石，这些名称反映了具体的化学成分。烧绿石可以在许多地质环境中形成，但在火成岩（包括伟晶岩、正长岩和碳酸岩）中的大块晶体最出名，与萤石、长石、钽铁矿、绿柱石、星叶石、电气石、黄玉、锰铝榴石和锆石共生。烧绿石矿物是重要的铌矿石，在巴西、加拿大、俄罗斯、扎伊尔和尼日利亚均有开采。

**钨锰矿**【化学成分：$MnWO_4$】

晶系：单斜晶系
矿物习性：晶体为棱柱状或平板状，具条纹，常有双晶；集聚体经常为平行或辐射状群组
解理：完全解理
断口：参差状
硬度：4 ~ 4.5
比重：7.12 ~ 7.18
颜色：红棕色、黄棕色，有时有虹色的锖色
条痕色：红棕色、黄色、绿灰色
光泽：半金属光泽或树脂光泽；透明至半透明

左图　来自秘鲁帕斯托的钨锰矿

钨锰矿是钨锰矿 – 钨铁矿系列的两个端元之一，其中钨锰矿含有锰，钨铁矿含有铁。两者特性相似，但钨铁矿密度略高，为 7.51，颜色为黑色或深棕色，带有棕黑色至黑色条纹。钨铁矿倾向于形成楔形晶体，并有块状习性。它是一种不透明的矿物，具有半金属光泽。这两种矿物都产于与花岗岩有关的热液矿脉中。处于系列之中的成员，统称为钨锰铁矿。钨锰矿 – 钨铁矿系列的成员是钨矿石的主要来源，不溶于酸。

## 氢氧化物

**三水铝石【化学成分：$Al(OH)_3$】**

晶系：单斜晶系
矿物习性：晶体呈平板状；集聚体为块状、凝块状、钟乳石状和作为表层的结壳状
解理：完全解理
断裂：参差状
硬度：2.5 ~ 3
比重：2.38 ~ 2.42
颜色：白色、灰色、绿色、红色
条痕色：白色
光泽：玻璃光泽至珍珠光泽；半透明至透明

下图　来自圭亚那的三水铝石

三水铝石是广泛分布于铝土矿和砖红土富铝矿床蚀变带中的一种矿物。它也形成于和火成岩有关的热液矿脉中。在铝土矿中，它是一种重要的铝矿石，占岩石总量的三分之一以上。伴生矿物包括针铁矿、高岭石、硬水铝石和刚玉。

**水镁石【化学成分：$Mg(OH)_2$】**

晶系：三方晶系
矿物习性：晶体为平板状；集聚体呈块状、叶状、纤维状、粒状和鳞片状
解理：完全解理
断口：参差状
硬度：2.5 ~ 3
比重：2.39
颜色：白色、蓝色、绿色、灰色，如果富含锰可以是黄色或棕色
条痕色：白色
光泽：珍珠光泽，蜡状光泽，玻璃光泽；透明的

下图　来自俄罗斯斯维尔德洛夫斯克州的水镁石

水镁石形成于大理岩和蛇纹岩中，也存在于片岩中，在大理岩中能产生漂亮的绿色或蓝色脉纹。它与多种矿物共生，包括白云石、方解石、文石、滑石、温石棉、菱镁矿和水纤菱镁矿。水镁石溶于酸，在火焰中不会熔化。

**水锰矿**【化学成分：MnO(OH)】

晶系：单斜晶系
矿物习性：晶体为棱柱状，具条纹，常有双晶，常成晶束；集聚体有块状、纤维状、柱状、颗粒状、钟乳石状和凝块状
解理：完全解理
断口：参差状
硬度：4
比重：4.29 ~ 4.34
颜色：深灰色至黑色
条痕色：红棕色至黑色
光泽：半金属光泽至无光泽；不透明的

水锰矿形成于热液矿脉、沼泽、湖泊沉积物和浅海环境中。它出现在黏土和砖红土风化的地方以及地下水流经的地方。在某些情况下，水锰矿会在形态没有改变的情况下转变为软锰矿。它与软锰矿、菱铁矿、重晶石、方解石和针铁矿等多种矿物共生。

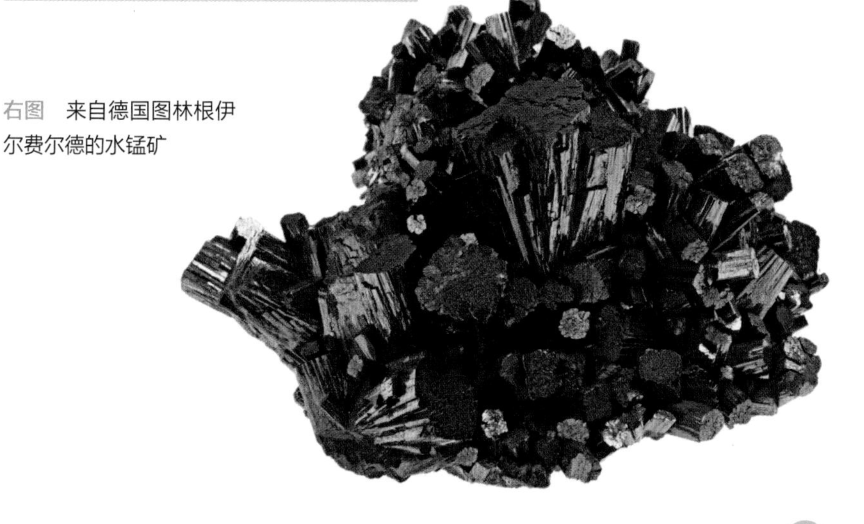

右图　来自德国图林根伊尔费尔德的水锰矿

**针铁矿**【化学成分：$FeO(OH)$】

晶系：斜方晶系
矿物习性：晶体为棱柱状、条纹状、针状、薄片状；集聚体通常为块状、葡萄状、结核状、鲕状、钟乳石状和土状
解理：完全解理
断口：参差状
硬度：5 ~ 5.5
比重：4.27 ~ 4.29
颜色：棕黑色、红棕色、黄褐色，当为土状形态时为黄色，少见虹色锖色
条痕色：橙色至棕黄色
光泽：金属光泽至丝绢光泽或无光泽；不透明

下图　来自英国康沃尔郡的针铁矿

针铁矿可以出现在任何含铁矿物被氧化蚀变的地质环境中。这些矿物包括磁铁矿、黄铁矿、菱铁矿、赤铁矿和黄铜矿。它可以在黏土矿床、沼泽和砖红土中被发现，偶尔也可以在热液矿脉中出现。针铁矿可溶于盐酸，加热后可能具有磁性。褐铁矿是指以针铁矿等铁的氢氧化物矿物为主，并包括含水氧化硅和泥质等的混合物。

# 碳酸盐、硝酸盐和硼酸盐

碳酸盐族矿物是金属阳离子与碳酸根离子结合的化合物。这个矿物大类中的许多成员都有鲜艳的颜色。碳酸盐矿物晶体通常为发育完整的菱形六面体结构。当它们接触到稀盐酸时，会产生强烈的起泡现象。硝酸盐是硝酸根离子与金属元素结合的化合物。硼酸盐是由金属元素和硼酸盐离子结合形成的。

## 碳酸盐

**文石**【化学成分：$CaCO_3$】

晶系：斜方晶系
矿物习性：晶体为针状，通常有双晶和条纹；集合体为辐射状、柱状、纤维状、珊瑚状和钟乳石状
解理：清楚解理
断口：半贝壳状
硬度：3.5 ~ 4
比重：2.9 ~ 3
颜色：无色、白色、灰色，因含杂质为淡红色、棕色、蓝色、绿色或淡黄色
条痕色：白色
光泽：玻璃光泽至树脂光泽；透明至半透明

下图　来自英国坎布里亚郡科普兰的文石

文石是一种广泛分布的矿物，通常出现在石灰岩区域，也可形成于温泉附近。它见于沉积岩、变质岩和矿床蚀变地带。这种矿物质可以为生物成因，特别是在一些软体动物的壳中。在化学组成上，它和最常见的碳酸盐矿物方解石是一样的，在特别的环境条件下，它可以变成方解石。珊瑚状的文石被称为文石华。文石溶于弱盐酸，起泡性强。

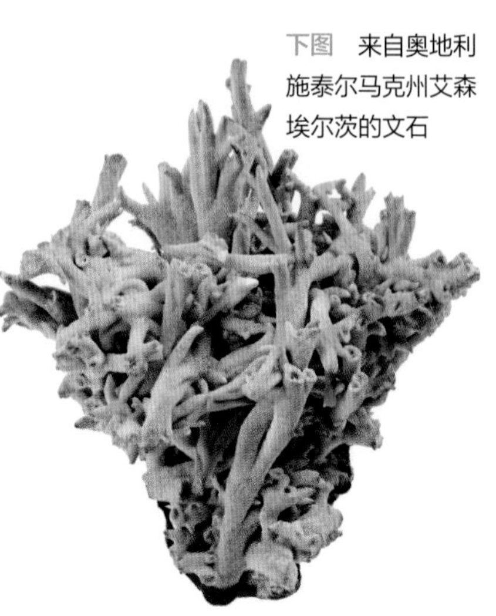

下图　来自奥地利施泰尔马克州艾森埃尔茨的文石

**方解石**【化学成分：$CaCO_3$】

晶系：三方晶系
矿物习性：晶体菱形或鳞片状，通常有双晶；集合体为块状、纤维状、粒状，钟乳石状
解理：完全解理
断口：贝壳状
硬度：3
比重：2.6 ~ 2.8
颜色：无色、白色，也会因所含杂质有绿色、灰色、黄色、棕色、蓝色或几乎黑色
条痕色：白色或灰色
光泽：玻璃光泽至珍珠光泽；透明至半透明

下图　来自英国德比郡米尔克洛斯矿场的方解石

这种常见且分布广泛的矿物出现在许多地质环境下。它是石灰岩和大理岩中的主要矿物，也可以与金属矿一起共生于热液矿脉中。方解石还可

以在洞穴中形成钟乳石和石笋，并可存在于结核和晶洞中。它也能出现在一些火成岩中，特别是碳酸盐岩，主要是由方解石和白云石组成的。许多结晶形状有着非正式的命名。钉头方解石在小型的柱状结构上有扁平的晶体形状，而狗牙方解石则由一组锥形状的晶体组成。冰洲石是一种非常纯净、透明的方解石晶体。冰洲石有着双重折射的特点，拿一个物体，比如细铁丝或一个文字，放在冰洲石下面进行观察时能够看到两个成像。方解石在弱盐酸中有很强的起泡性。

下图　来自英国坎布里亚郡埃格勒蒙特吉尔福特公园矿山的方解石

左图　冰洲石的双折射效应

下图　来自英国坎布里亚郡奥尔斯顿沼泽的钉头方解石

**白云石【化学成分：$CaMg(CO_3)_2$】**

晶系：三方晶系
矿物习性：晶体为菱形，通常有曲面，呈现“马鞍形”状，亦有棱柱状，有时是八面体或平板板状；集合体为块状、粒状
解理：完全解理
断口：半贝壳状
硬度：3.5 ~ 4
比重：2.8 ~ 2.9
颜色：无色、白色、灰色、褐色、粉红色、绿色
条痕色：白色
光泽：玻璃光泽至珍珠光泽；透明至半透明

白云石是许多沉积岩中的常见矿物，尤其是白云岩，白云岩是以白云石为主要成分的石灰岩。白云石通常与浅海相沉积有关，在一些蒸发岩序列中也可以发现。白云石也与方铅矿和闪锌矿等矿石矿物一起共生在热液矿脉中。蚀变后的火成岩和蛇纹岩也可能含有白云石。这种广泛分布的矿物在加热的盐酸中会迅速溶解。

右图　来自西班牙纳瓦拉的白云石

下图　来自英国坎布里亚郡埃格勒蒙特佛罗伦萨矿的白云石，呈现弯曲的鞍形状晶体

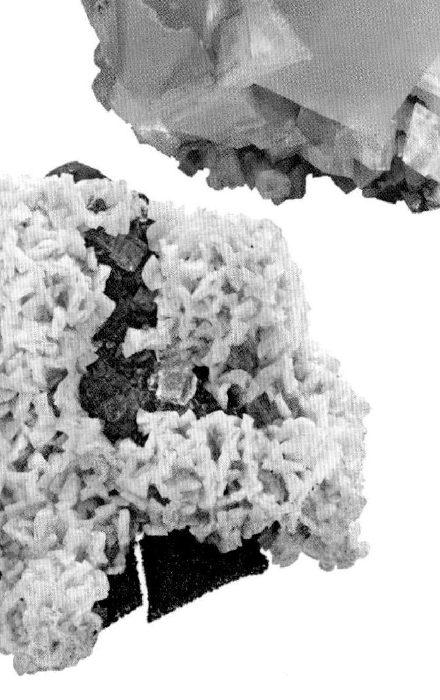

**菱锰矿**【化学成分：$MnCO_3$】

晶系：三方晶系
矿物习性：晶体为菱面体，有时呈平板状、棱柱状；集合体为块状、颗粒状、葡萄状或钟乳石状
解理：完全解理
断口：贝壳状至参差状
硬度：3.5 ~ 4
比重：3.70
颜色：浅粉色、深玫瑰红色、棕色、淡黄色、灰色
条痕色：白色
光泽：玻璃光泽至珍珠光泽；透明至半透明

这种色彩艳丽的矿物出现在热液矿脉、富锰矿床和岩石发生交代作用的蚀变带中。与白云石、方解石、菱铁矿、萤石、重晶石、闪锌矿、石英等热液矿脉矿物伴生。也会出现在变质岩中并与石榴石、蔷薇辉石和硫锰矿共生。尽管它是一种非常软的矿物，表面很容易刮伤，具条带状结构的菱锰矿还是会被用来做装饰品。菱锰矿可溶于加热后的盐酸中。

上图　来自南非北开普省库鲁曼的菱锰矿

下图　来自阿根廷卡塔马卡省卡皮利塔斯矿区的菱锰矿

**铁白云石**
【化学成分：$Ca(Fe^{2+},Mg)(CO_3)_2$】

晶系：三方晶系
矿物习性：晶体菱形状，通常有双晶；集合体为块状、颗粒状
解理：完全解理
断口：半贝壳状
硬度：3.5 ~ 4
比重：2.93 ~ 3.1
颜色：白色、灰色、棕色、黄褐色
条痕色：白色
光泽：玻璃光泽至珍珠光泽；半透明

下图　来自英国达勒姆郡威尔代尔的铁白云石

铁白云石形成于热液矿脉中，与各种硫化物矿石矿物、菱铁矿、白云石和金共生，尤其是在这些矿脉矿床已被热液蚀变的地方。它也出现在富铁岩石被变质作用改变的变质带中。铁白云石易溶于盐酸。它是一种分布相当广泛的矿物。

**菱锌矿**【化学成分：$ZnCO_3$】

晶系：三方晶系
矿物习性：晶体为菱形状、偏三角面体状，通常有曲面；集合体通常为葡萄状、肾形、钟乳石状；也有块状、粒状、结壳状和土状
解理：完全解理
断口：半贝壳状至参差状
硬度：4 ~ 4.5
比重：4.42 ~ 4.44
颜色：白色、灰色、黄色、棕色、绿色、蓝色、粉色
条痕色：白色
光泽：玻璃光泽至珍珠光泽或无光泽；透明至半透明

菱锌矿是一种广泛分布于铜矿床和锌矿床的蚀变带和氧化带中的次生矿物。它也可能出现在石灰岩被锌矿取代的地方。它与多种矿物共生，包括白铅矿、蓝铜矿、孔雀石、绿铜锌矿、硅锌矿、异极矿和硫酸铅矿。蓝色的菱锌矿和蓝色的异极矿很容易弄混，但菱锌矿比异极矿密度更高，硬度稍低。菱锌矿溶于浓盐酸。

右图　来自英国坎布里亚郡奥尔斯顿沼泽的菱锌矿

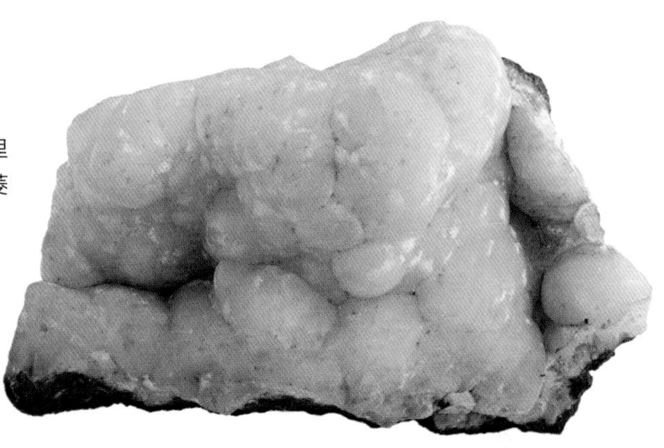

**菱铁矿**【化学成分：$FeCO_3$】

晶系：三方晶系
矿物习性：晶体为菱形、平板状、棱柱状、偏三角面体状，常有曲面，双晶；集合体为葡萄状、鲕状、块状、粒状
解理：完全解理
断口：参差状至贝壳状
硬度：3.5 ~ 4.5
比重：3.96
颜色：黄色、灰色、绿色、棕色、棕黑色
条痕色：白色
光泽：玻璃光泽，珍珠光泽至丝绢光泽或半透明

菱铁矿形成于各种岩石中，尤其是沉积成因的岩石和矿脉中，与萤石、石英、重晶石、黄铁矿、方铅矿和方解石伴生。其可产于砂岩、页岩和圆形结核中，也可出现在伟晶岩和正长岩中。菱铁矿加热后具有磁性。它溶于加热的盐酸中，会产生气泡。

右图　来自英国康沃尔郡卡尔斯托克德雷克沃尔矿场的菱铁矿

**菱锶矿【化学成分：$SrCO_3$】**

晶系：斜方晶系
矿物习性：晶体为棱柱状、针状；集合体通常为块状、纤维状、凝块状或颗粒状
解理：完全解理
断口：半贝壳状至参差状
硬度：3.5
比重：3.74 ~ 3.78
颜色：无色、白色、灰色、黄色、褐色、红色、绿色
条痕色：白色
光泽：玻璃光泽至树脂光泽；透明至半透明

下图　来自英国斯特朗申的菱锶矿

菱锶矿见于热液矿脉、晶洞以及如白垩岩和泥灰岩这种沉积石灰岩的矿脉中，与重十字石、方解石、天青石和重晶石共生。它也出现在碳酸盐岩中。菱锶矿是一种广泛分布的金属锶矿石，主要用于制造特种玻璃，并能够使照明弹、焰火和油漆中显示出红光。这种红色是矿物被火焰加热时产生的。菱锶矿溶于盐酸。

**水纤菱镁矿**
**【化学成分：$Mg_2(CO_3)(OH)_2.3H_2O$】**

晶系：单斜晶系
矿物习性：针状晶体呈结壳状和细枝状；集合体为纤维状和球状块体
解理：完全解理
断裂：参差状
硬度：2.5
比重：2.01 ~ 2.03
颜色：白色
条痕色：白色
光泽：玻璃光泽或丝绢光泽；透明

下图　来自美国加利福尼亚州圣贝尼托县的水纤菱镁矿

水纤菱镁矿是一种非常易碎的矿物，常在蛇纹岩化超基性岩中作为岩石覆层和覆盖结壳。它和多种矿物共生，包括温石棉、水菱镁矿、水镁石、文石、菱镁矿、方解石和白云石。水纤菱镁矿不会在火焰中熔化，但会释放出二氧化碳和水。易溶于稀酸。

**毒重石**【化学成分：$BaCO_3$】

晶系：斜方晶系
矿物习性：晶体为板状、棱柱状，有双晶，形成假六方体双锥，常具条纹；集合体呈块状、颗粒状、纤维状、柱状
解理：清楚解理
断裂：参差状
硬度：3 ~ 3.5
比重：4.29
颜色：无色、白色，也有灰色、褐色、黄色、绿色
条痕色：白色
光泽：玻璃光泽至树脂光泽；透明至半透明

下图　来自英国坎布里亚郡奥尔斯顿沼泽的毒重石

毒重石与方解石、萤石、方铅矿、重晶石等多种矿物共生于热液矿脉中。它可以由重晶石的蚀变而来，因其含钡，所以矿物具有相对较高的比重。毒重石溶于盐酸，溶解时有气泡，在紫外线下呈蓝色荧光。加热后会熔化，并使火焰变成黄绿色。毒重石的产地包括中国、英国、美国、俄罗斯等国家。

## 菱镁矿【化学成分：$MgCO_3$】

晶系：三方晶系
矿物习性：晶体少见为菱形状，多为棱柱状或板状；集合体通常为块状、致密块状、粒状、纤维状、白垩状
解理：完全解理
断口：贝壳状
硬度：4 ~ 4.5
比重：4
颜色：白色、灰色、褐色、淡黄色
条痕色：白色
光泽：玻璃光泽至无光泽；透明至半透明

下图　来自挪威的菱镁矿

菱镁矿由富含镁的岩石，如橄榄岩等火成岩、蛇纹岩等变质岩和一些沉积岩蚀变而来。它也出现在热液矿脉中。菱镁矿常与白云石、方解石和滑石伴生。这种矿物是一种重要且常见的镁矿石，用于制造耐热砖和肥料；并与铝和锌一起合成合金，用于制造汽车和飞机的框架。菱镁矿在加热的盐酸中具有起泡性。

## 白铅矿【化学成分：$PbCO_3$】

晶系：斜方晶系
矿物习性：晶体为板状，很少针状，常具条纹和双晶，集合体常为稻草状块体；也为块状、粒状，有时为纤维状
解理：清楚解理
断口：贝壳状
硬度：3 ~ 3.5
比重：6.53 ~ 6.57
颜色：无色、白色、灰色，蓝色、绿色
条痕色：白色
光泽：金刚光泽、玻璃光泽、珍珠光泽、树脂光泽；透明至半透明

下图　来自澳大利亚新南威尔士州布罗肯希尔的白铅矿

白铅矿是金属矿石在矿脉中发生蚀变作用（通常是氧化作用）所形成的。其在含铅矿床中很常见，与方铅矿、磷氯铅矿、菱锌矿、孔雀石、蓝铜矿、硫酸铅矿共生。由于其含铅，对于碳酸盐矿物而言，白铅矿算是比重很高的。不溶于盐酸，溶于硝酸，有气泡。白铅矿在紫外线下可出现黄色荧光。

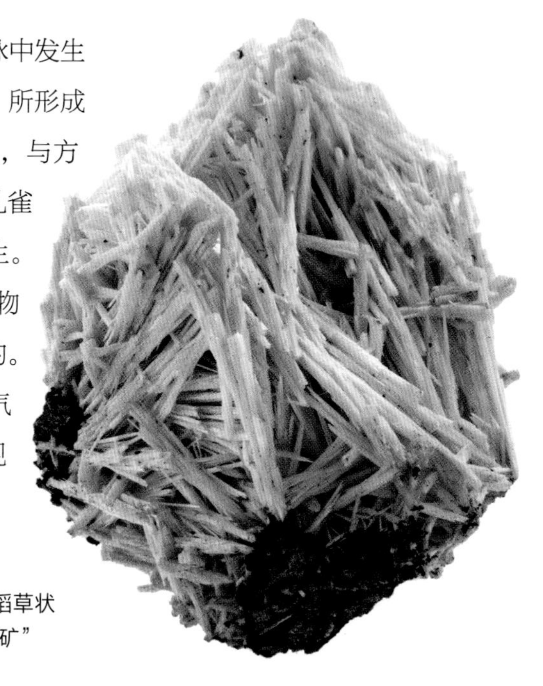

右图　来自英国坎布里亚郡稻草状的白铅矿，俗称“稻草人白铅矿”

**孔雀石【化学成分：$Cu_2CO_3(OH)_2$】**

晶系：单斜晶系
矿物习性：晶体少见，为棱柱状、针状，体积小，通常有双晶；集合体通常块状、葡萄状、钟乳石状、带状或纤维状
解理：完全解理
断口：半贝壳状至参差状
硬度：3.5 ~ 4
比重：3.9 ~ 4
颜色：亮绿色至深绿色
条痕色：淡绿色
光泽：玻璃光泽至金刚光泽、丝绢光泽或无光泽；透明至不透明

孔雀石形成于铜矿床的蚀变带，由黄铜矿和辉铜矿等矿物氧化而来。与许多其他次生矿物共生，包括蓝铜矿、方解石和针铁矿。孔雀石是一种柔软的矿物，很容易被小刀刻出印痕，但由于其漂亮的颜色和带状结构而被广泛用作装饰品。它很容易加工成不同的形状并且易于抛光。孔雀石溶于浓酸。当在火焰中燃烧时，由于含铜，它会熔化并使火焰呈现绿色。

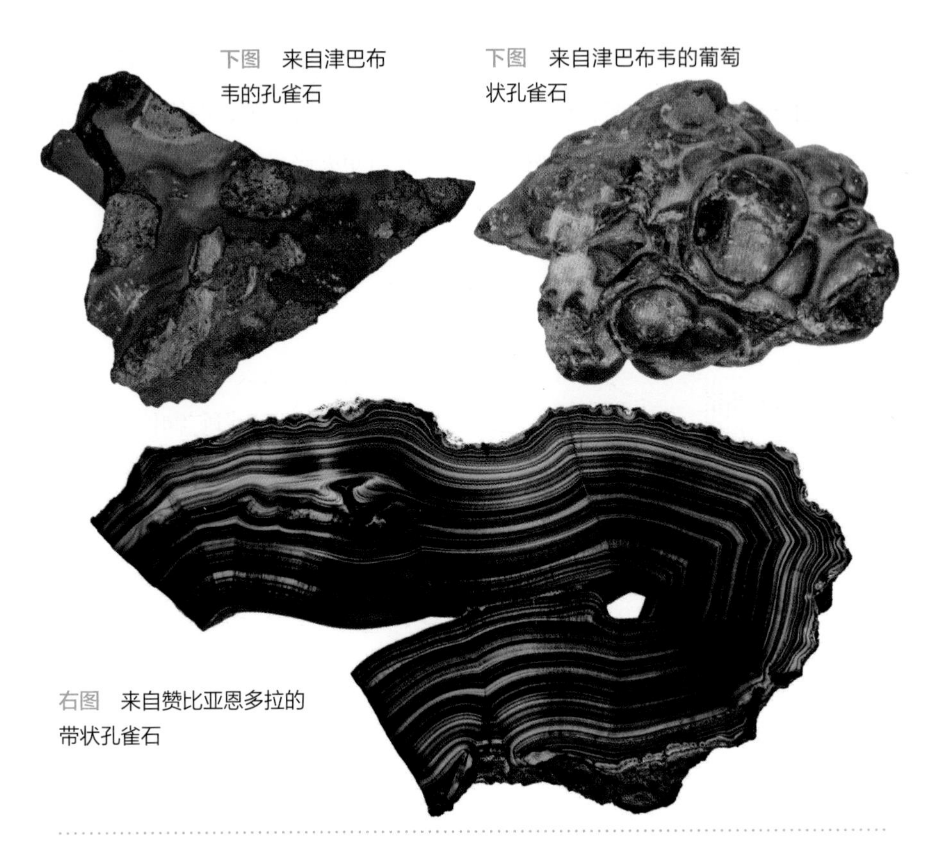

下图　来自津巴布韦的孔雀石

下图　来自津巴布韦的葡萄状孔雀石

右图　来自赞比亚恩多拉的带状孔雀石

**绿铜锌矿**
【化学成分：$(Zn,Cu)_5(CO_3)_2(OH)_6$】

晶系：单斜晶系
矿物习性：晶体为针状；集合体为簇状或者覆层状
解理：完全解理
断裂：参差状
硬度：1 ~ 2
比重：3.96
颜色：淡绿色、绿蓝色、天蓝色
条痕色：淡蓝绿色
光泽：丝绢光泽至珍珠光泽；透明

下图　来自美国亚利桑那州吉拉公司的绿铜锌矿

绿铜锌矿作为一种次生矿物出现在含有铜和锌矿石矿物的矿脉中。它在世界上分布广泛，与蓝铜矿、孔雀石、水锌矿、菱锌矿、白铅矿、锡石和异极矿共生。绿铜锌矿无法熔化，其含铜而使火焰呈绿色。它可在稀盐酸中溶解，释放出二氧化碳。

**蓝铜矿**
【化学成分：$Cu_3(CO_3)_2(OH)_2$】

晶系：单斜晶系
矿物习性：晶体为板状、棱柱状、菱形状；集合体为块状、凝块状、钟乳石状、土状
解理：完全解理
断口：贝壳状
硬度：3.5 ~ 4
比重：3.7 ~ 3.8
颜色：浅至深蓝色
条痕色：淡蓝色
光泽：玻璃光泽或无光泽；透明至不透明

蓝铜矿产于铜矿脉的氧化带和风化带。与孔雀石、辉铜矿、硅孔雀石等其他次生铜矿物伴生。蓝铜矿的稳定性不如孔雀石，所以会转变成孔雀石。在过去，它被广泛用作蓝色颜料，但因不稳定性和粉状时颜色过浅，它其实并不适合作为颜料。虽然它很容易被划伤，但由于其绚丽的蓝色，经常被用作装饰。蓝铜矿可溶于盐酸，很容易在火焰中熔化，并变成黑色。

左图　来自澳大利亚昆士兰州伊萨山的蓝铜矿

## 硝酸盐类

**钠硝石**【化学成分：$NaNO_3$】

晶系：三方晶系
矿物习性：晶体为菱形，通常有双晶；集合体为块状、粒状、覆层状
解理：完全解理
断口：贝壳状
硬度：1.5 ~ 2
比重：2.26
颜色：无色、白色，粉红色、灰色、黄色、棕色
条痕色：白色
光泽：玻璃光泽；透明

下图　来自智利塔拉帕卡的钠硝石

钠硝石作为一种地表风化物出现在干旱地区，可以与石膏共生，通常分布区域较为广阔。它很容易溶于水（因此出现在干旱地区），很容易在火焰中熔化并使火焰呈黄色。这种矿物也被称为智利硝石。

## 硼酸盐

**方硼石**【化学成分：$Mg_3(B_7O_{13})Cl$】

晶系：斜方晶系
矿物习性：晶体为立方体、四面体、十二面体、假八面体；集合体为纤维状、粒状
解理：无
断口：贝壳状至参差状
硬度：7 ~ 7.5
比重：2.91 ~ 3.1
颜色：无色、白色、灰色、绿色、黄色
条痕色：白色
光泽：玻璃光泽；透明至半透明

方硼石是一种稀有矿物，与石盐、钾盐、石膏、硬石膏和光卤石一起出现于层状蒸发岩序列中。对于一种蒸发岩矿物来说，它的硬度很高，不能用钢刀划伤。方硼石可溶于热盐酸，当置于火焰中时，会因含硼呈现绿色。产地包括英国、美国、法国、德国和波兰。

右图　来自英国北约克郡洛夫特斯博尔比矿的方硼石

**钠硼解石**
【化学成分：$NaCaB_5O_6(OH)_6.5H_2O$】

晶系：三斜晶系
矿物习性：晶体为针状；集合体为结核状、结壳状或纤维团块
解理：完全解理
断裂：参差状
硬度：2.5
比重：1.95
颜色：无色、白色
条痕色：白色
光泽：玻璃光泽、丝绢光泽；透明至半透明

钠硼解石生成于沙漠盆地地区的蒸发岩矿床中，与其他蒸发岩矿物如钙芒硝、硬石膏、硬硼酸钙石、天然碱、方解石、石膏、硼砂和石盐伴生。钠硼解石内平行的晶体纤维结构会产生光纤效应，光线通过内部反射沿矿物长轴向下传播。这使它被称为电视石。它可溶于热水，在火焰中熔化并使其呈黄色。在美国、加拿大、阿根廷、秘鲁、智利、哈萨克斯坦和土耳其都有钠硼解石。

下图　来自土耳其的钠硼解石

**硬硼酸钙石**

【化学成分：$Ca_2B_3O_4(OH)_3.H_2O$】

晶系：单斜晶系

矿物习性：晶体为棱柱状、假菱形状；集合体为块状、粒状，或者在晶洞中

解理：完全解理

断口：半贝壳状至参差状

硬度：4.5

比重：2.42

颜色：无色、白色、淡黄色、灰色、棕色

条痕色：白色

光泽：玻璃光泽；透明至半透明

硬硼酸钙石产于干旱地区的沙漠盆地湖相沉积等蒸发岩构造中，可能来自硼砂和钠硼解石的二次蚀变，和四水硼砂、石膏、方解石、天青石共生。其在某些地区作为硼矿被开采。它可以被添加到金属中以提高其导电性，也可以用于制造钢化玻璃，还可用于制造釉料。硬硼酸钙石可以溶解在加热的盐酸中，在火焰中熔化并由于含硼而呈绿色。

左图　来自美国加利福尼亚州博伦克恩公司的硬硼酸钙石

# 硫酸盐、铬酸盐、钼酸盐和钨酸盐

硫酸盐矿物是指硫酸根与一种或多种金属元素结合形成的化合物，硫酸盐矿物很常见，很多是以蒸发岩的形式存在。铬酸盐是金属元素与铬酸根的化合物。这些矿物非常稀有。钨酸盐和钼酸盐矿物则是金属分别与钨酸根或钼酸根结合时形成的化合物。

## 硫酸盐

**石膏**【化学成分：$CaSO_4.2H_2O$】

晶系：单斜晶系
矿物习性：晶体为板状，通常呈钻石形；有时为棱柱状、针状、透镜状，通常有双晶，具条纹，集合体为块状、纤维状、颗粒状、凝块状
解理：完全解理
断口：参差状，贝壳状
硬度：2
比重：2.3
颜色：无色、白色、灰色、红色、棕色、黄色、绿色
条痕色：白色
光泽：玻璃光泽、丝绢光泽、珍珠光泽；透明

下图　来自英国约克郡的石膏

石膏形成于海水或内陆湖泊干涸的蒸发岩沉积中，也出现在热火山温泉周围、杏仁构造中，或作

为各种地质环境中的蚀变产物。具有纤维习性晶体的石膏被称为纤维石，而晶体透明的则被称为透石膏。还有一种石膏名为沙漠玫瑰，其晶体形成似玫瑰花状集合体，通常被一层薄薄的沙子覆盖；同心放射状的块体形态则有非正式的名字叫雏菊石膏。石膏与许多其他蒸发岩矿物，特别是石盐和硬石膏共生。在墨西哥奇瓦瓦的奈卡矿场，发现过长达 11 米的巨大石膏晶体。石膏有许多工业用途，特别是在制造石膏板和石膏上。其易溶于热水和盐酸。

上图　来自英国坎布里亚郡的雏菊石膏

左图　来自阿尔及利亚的瓦尔格拉省的石膏变种——沙漠玫瑰

**硬石膏**【化学成分：$CaSO_4$】

晶系：斜方晶系
矿物习性：晶体为板状或棱柱状；集合体为块状、颗粒状或纤维状
解理：完全解理
断口：参差状
硬度：3 ~ 3.5
比重：2.8 ~ 3
颜色：无色、白色、灰色、蓝色、紫色、粉红色、棕色、红色
条痕色：白色
光泽：玻璃光泽、珍珠光泽、油脂光泽；透明至半透明

下图 来自瑞士瓦莱山的硬石膏

硬石膏主要存在于蒸发岩序列中，在热液矿脉和盐穹中不常见。在蒸发岩矿床中与石盐、钾盐、石膏、白云石和方解石共生。硬石膏可以在蒸发岩序列中形成相当厚的岩层，是一种重要的经济矿物，特别是在建筑业中，用于制造石膏和石膏板。这种矿物与石膏关系密切，但其化学式中缺乏水分子。它很容易熔化并使火焰呈红色。

**天青石**【化学成分：$SrSO_4$】

晶系：斜方晶系
矿物习性：晶体为板状、条状；集合体为纤维状、结节状、粒状、土状
解理：完全解理
断口：参差状
硬度：3 ~ 3.5
比重：3.9 ~ 4
颜色：无色、白色、灰色、蓝色、绿色、红色、棕色、黄色、橙色
条痕色：白色
光泽：玻璃光泽、珍珠光泽；透明至半透明

下图 来自英国格洛斯特郡的天青石

天青石出现在沉积岩（特别是石灰岩）中，也可以出现在热液矿脉中，有时也在熔岩孔洞中出现。常见与石盐、硬石膏和石膏共生。天青石是提炼锶的一种矿物原料，锶可用于在焰火和照明弹中呈现出明亮的红色，也可用于制造特种玻璃。这种矿物微溶于酸和水，易熔化。

**重晶石**【化学成分：$BaSO_4$】

晶系：斜方晶系
矿物习性：晶体呈板状、棱柱状和花簇状（沙漠玫瑰）和扇形晶体块（鸡冠状重晶石）；也有块状、颗粒状、钟乳石状、凝块状、土状
解理：完全解理
断口：参差状
硬度：3 ~ 3.5
比重：4.3 ~ 4.5
颜色：无色、白色、灰色、蓝色、绿色、红色、棕色、黄色
条痕色：白色
光泽：玻璃光泽至树脂光泽或珍珠光泽；透明至亚透明

下图　沙漠玫瑰重晶石

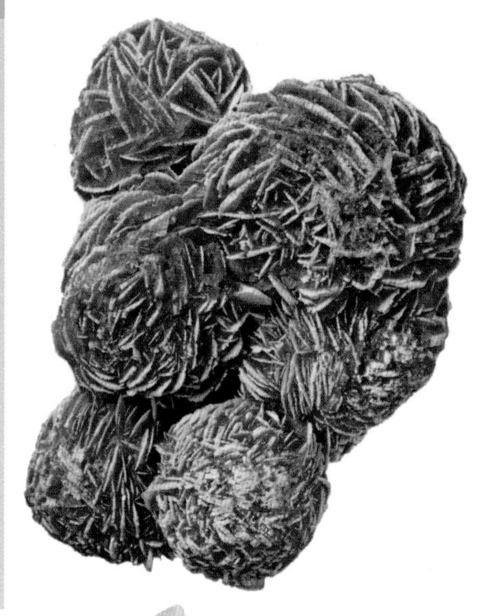

右图　来自英国坎布里亚郡弗里京顿莫布雷矿的重晶石

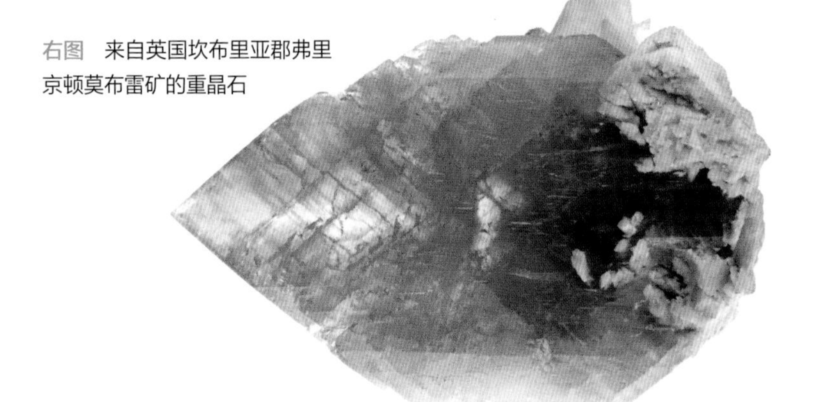

重晶石是热液矿脉中常见和相对知名度较高的矿物，与萤石、方铅矿、白云石、闪锌矿、黄铁矿和石英共生，通常被作为脉石矿物。它也形成于沉积岩、结核块和温泉周围。当重晶石较富集时是一种重要的钡矿石，有很高的经济用途，其在石油和天然气工业中作为钻井泥浆的加重剂，同时还应用于射线照相领域。重晶石难以熔化，不溶于酸。

**铅矾**【化学成分：$PbSO_4$】

晶系：斜方晶系
矿物习性：晶体为板状或棱柱状；集合体为块状、颗粒状、钟乳石状、结节状、结壳状、球状
解理：良好解理
断口：贝壳状
硬度：2.5 ~ 3
比重：6.37 ~ 6.39
颜色：无色、白色、灰色、淡黄色、淡蓝色、淡绿色
条痕色：无色
光泽：金刚光泽、玻璃光泽、树脂光泽；透明至不透明

铅矾是含铅矿脉中的次生矿物，由方铅矿等矿物的氧化和蚀变而形成。它经常与闪锌矿、黄铜矿、方解石、重晶石、白铅矿和石英共生。有时会呈皮壳层状包裹方铅矿核心。铅矾在紫外线下会发出淡黄色的荧光。它在火焰中很容易熔化，可在硝酸中缓慢溶解。

右图　来自英国德比郡的铅矾

**胆矾**【化学成分：$CuSO_4.5H_2O$】

晶系：三斜晶系
矿物习性：晶体为棱柱状、板状；集合体为块状、纤维状、颗粒状、结壳状、钟乳石状
解理：不完全解理
断口：贝壳状
硬度：2.5
比重：2.29
颜色：天蓝色、深蓝色、绿蓝色、绿色
条痕色：无色
光泽：玻璃光泽至树脂光泽；透明至半透明

胆矾由铜矿石（特别如黄铜矿这样的硫化物）被氧化蚀变而来。这可能是由于深层风化或热液上升运动造成的。它与黄铜矿、方解石、文石、孔雀石、蓝铜矿和水胆矾伴生。其可以以结壳覆盖物的方式出现在矿井（通常是铜矿）的洞壁和洞顶上。它易溶于水并随时间缓慢降解。

下图　来自英国康沃尔郡的胆矾

**钙芒硝【化学成分：$Na_2Ca(SO4)_2$】**

晶系：单斜晶系
矿物习性：晶体为板状、棱柱状、双锥状，通常具条纹；集合体为致密块状和结壳状
解理：完全解理
断口：贝壳状
硬度：2.5 ~ 3
比重：2.75 ~ 2.85
颜色：无色、淡黄色、灰色
条痕色：白色
光泽：玻璃光泽、珍珠光泽；透明至半透明

下图　来自美国加州硼砂湖的钙芒硝

钙芒硝赋存于各种地质环境中，包括蒸发岩序列，和石盐、石膏、硬石膏和杂卤石共生，也会出现在盐湖边缘、硝酸盐沉积、火山喷气孔和玄武岩中的孔洞中。它会溶解在盐酸中，在火焰中很容易熔化。

**水绿矾【化学成分：$FeSO_4.7H_2O$】**

晶系：单斜晶系
矿物习性：晶体少见，为棱柱状、板状、八面体；集合体为纤维状、钟乳石状、结壳状
解理：完全解理
断口：贝壳状
硬度：2
比重：1.89
颜色：绿色、蓝色、白色
条痕色：无色
光泽：玻璃光泽或丝绢光泽；半透明至不透明

水绿矾是一种次生矿物，通常出现在矿脉中，其在矿脉中由矿物（如白铁矿和黄铁矿）氧化和被循环流体蚀变而成，水绿矾也以风化物或覆层的形式出现在矿山矿洞壁上，出现在火山喷气孔周围则较为罕见。它与胆矾、泻利盐和各种硫酸盐矿物（包括叶绿矾）共生。水绿矾可溶于水，加热后具有磁性。

下图 来自意大利利帕里群岛的水绿矾

**黄钾铁矾**
【化学成分：$KFe^{3+}_3(SO_4)_2(OH)_6$】

晶系：三方晶系
矿物习性：晶体微小，呈假立方体、板状；集合体为块状、纤维状、粒状、土状
解理：明显
断口：贝壳状至参差状
硬度：2.5 ~ 3.5
比重：2.9 ~ 3.26
颜色：黄色、黄褐色、棕色
条痕色：淡黄色
光泽：玻璃光泽至树脂光泽；半透明

黄钾铁矾是含铁矿床中的一种次生矿物，其因循环流体改变了原生矿物，并且发生风化作用而形成，特别是在干旱气候下为甚。其通常在黄铁矿分解的地方出现。黄钾铁矾也在温泉附近形成，并已在酸性的被电气石化蚀变过的斑岩中发现。这种矿物不溶于水，但溶于盐酸。黄钾铁矾在紫外线下发出荧光。

下图 来自西班牙阿尔梅里亚阿尔马格勒拉山脉雅罗索峡谷的黄钾铁矾

**无水芒硝**【化学成分：$Na_2SO_4$】

晶系：斜方晶系
矿物习性：晶体为板状、双锥状，很少棱柱状，通常有双晶；集合体为结壳状和风化物形式
解理：完全解理
断口：参差状、锯齿状
硬度：2.5 ~ 3
比重：2.66
颜色：无色、灰色、棕色、红色、黄色
条痕色：白色
光泽：玻璃光泽至树脂光泽；透明至半透明

下图　来自埃及西部沙漠瓦迪纳特伦的无水芒硝

无水芒硝形成于沙漠盆地和盐湖沉积物中，与石膏、石盐、钙芒硝和泻利盐伴生，也可以在干旱地区的土壤表面以风化物的形式出现，可在火山喷气孔周围发现，并与熔岩伴生。这种矿物易溶于水，有咸味。

**青铅矿**
【化学成分：$PbCu(SO_4)(OH)_2$】

晶系：单斜晶系
矿物习性：晶体板状或棱柱状，常有双晶；也为覆层和集合体形态
解理：完全解理
断口：贝壳状
硬度：2.5
比重：5.35
颜色：深蓝色
条痕色：淡蓝色
光泽：玻璃光泽至亚金刚光泽；透明至半透明

青铅矿形成于含铅和铜的矿脉和其他矿床的氧化和蚀变带中。它与一系列矿物共生，包括胆矾、水胆矾和铅矾。其引人注目的颜色会使它被误认为蓝铜矿，但青铅矿硬度很小，约为 2.5，而蓝铜矿为 3.5 ~ 4；同时青铅矿比重较高，为 5.35，而蓝铜矿的比重只有 3.77。青铅矿可在硝酸中溶解，并可以在火焰中熔化，同时变成黑色。

右图　来自英国坎布里亚郡的青铅矿

**杂卤石**
【化学成分：$K_2MgCa_2(SO_4)_4.2H_2O$】

晶系：三斜晶系
矿物习性：晶体罕见，为板状，较小，通常有双晶；集合体为块状、叶状、纤维状
解理：完全解理
断口：参差状，锯齿状
硬度：2.5～3.5
比重：2.78
颜色：无色、白色、灰色，常因含铁呈褐色、红色或粉红色
条痕色：白色
光泽：玻璃光泽至树脂光泽；透明至半透明

下图　杂卤石

杂卤石一般出现在沉积岩中的蒸发岩矿床中，和石盐、钾盐、石膏、硬石膏、光卤石等蒸发岩矿物共生。偶尔也能在火山口周围形成。其具有一种相当强烈的苦味。杂卤石因被用来制造化肥而具有相当重要的经济意义。

**铅蓝矾**【化学成分：$Cu_2Pb_5(SO_4)_3CO_3(OH)_6$】

晶系：斜方晶系
矿物习性：晶体较小，为棱形，通常具条纹；集合体常为涂层状
解理：完全解理
断口：参差状
硬度：2.5 ~ 3
比重：5.75 ~ 5.77
颜色：蓝色、绿色
条痕色：绿蓝色至蓝白色
光泽：玻璃光泽至树脂光泽；透明至半透明

铅蓝矾和其他很多次生矿物一起产自铅矿和铜矿床的氧化带。它与青铅矿、白铅矿、硫碳酸铅矿、铅矾、水胆矾、孔雀石、蓝铜矿和石英共生。铅蓝矾是一种相对稀有的矿物，因其颜色漂亮而受到收藏界的重视。

右图 来自英国南拉纳克郡利德希尔斯的铅蓝矾

**叶绿矾**【化学成分：$Fe^{2+}Fe^{3+}_4(SO_4)_6(OH)_2.20H_2O$】

晶系：三斜晶系
矿物习性：晶体为板状；集合体为鳞片状，也可为结壳状和谷粒状
解理：完全解理
断口：参差状
硬度：2.5 ~ 3
比重：2.08 ~ 2.17
颜色：黄色、金黄色、橙黄色，绿黄、橄榄绿
条痕色：淡黄色
光泽：珍珠光泽；透明至半透明

叶绿矾通常在干旱气候下的氧化带内出现，由硫化物（如黄铁矿）蚀变而来。它通常与水绿矾等富水硫酸盐共生。叶绿矾易溶于水，可以在相对较低的温度下熔化。

右图　叶绿矾

**水胆矾**
【化学成分：$Cu_4(SO_4)(OH)_6$】

晶系：单斜晶系
矿物习性：晶体棱柱状、针状、板状；也有结壳状、颗粒状、块状
解理：完美
断口：贝壳状至参差状
硬度：3.5 ~ 4
比重：3.97
颜色：亮绿色至墨绿色，浅绿色
条痕色：浅绿色
光泽：玻璃光泽或珍珠光泽；透明至半透明

水胆矾通常形成于含铜矿床的风化带和氧化带内。虽然分布很广，但成矿富集于干旱环境。其与

下图　来自英国的水胆矾

孔雀石、蓝铜矿共生。这种矿物可溶于盐酸和硝酸，并可在火焰中熔化。

左图　来自墨西哥的水胆矾

**绒铜矿**【化学成分：$Cu_4Al_2(SO_4)(OH)_{12}.2H_2O$】

晶系：单斜晶系
矿物习性：晶体非常小，为针状，集合体可以形成涂层状和聚集状；也可形成簇状和脉状
解理：良好解理
断口：参差状
硬度：1～3
比重：2.76
颜色：淡蓝色至天蓝色
条痕色：淡蓝色
光泽：丝绢光泽；半透明的或透明的

绒铜矿是一种稀有矿物，产于铜矿床的风化带和氧化带内。与水胆矾、云母铜矿、蓝铜矿、孔雀石、橄榄铜矿伴生。绒铜矿拥有极为纤细的纤维状晶体，这种超细晶体可以完全覆盖在样品表面，使其具有天鹅绒般的外观，这种美丽的外观使得它成为收藏界的宠儿。它溶于酸，可在火焰中熔化。

右图　来自美国亚利桑那州科科尼诺县大峡谷的绒铜矿

**钙矾石**【化学成分：$Ca_6Al_2(SO_4)_3(OH)_{12}.26H_2O$】

晶系：三方晶系
矿物习性：晶体为棱柱状、菱形、双锥状；集合体为纤维状
解理：完全解理
断口：参差状
硬度：2～2.5
比重：1.77
颜色：无色、白色、淡黄色
条痕色：白色
光泽：玻璃光泽；透明的

钙矾石出现在石灰岩的孔洞中，这些孔洞被熔岩包围并发生变质作用。在这种情况下，晶体可以发育得非常完整。钙矾石家族的成员，由少量含有铝、铬、铁、锰和硅的硫酸钙矿物组成，但成分有所区别。例如，钙铬矾含有铬而不是铝，而钙铁硼矾的化学成分中则含有铁、锰和硼。

左图 来自南非北开普省的钙矾石

## 铬酸盐、钼酸盐和钨酸盐

**赤铅矿**【化学成分：$PbCrO_4$】

晶系：单斜晶系
矿物习性：晶体为棱柱状、八面体或菱形状，其集合体通常因呈细长晶体聚集状，而被称为稻草人团块，也可以呈块状
解理：清楚解理
断口：贝壳状至参差状
硬度：2.5～3
比重：5.97～6.02
颜色：红橙色、橙色、红色、黄色
条痕色：橙黄色
光泽：金刚光泽至玻璃光泽；透明至半透明

这种铬酸盐矿物形成于含铅和铬矿床的风化带和氧化带内。赤铅矿与许多其他的次生矿物共生，包括白铅矿、钒铅矿、钼铅矿和磷氯铅矿。它可在火焰中熔化，只溶于强酸。赤铅矿因颜色明亮艳丽和晶体发育极好，在收藏界颇受追捧，并曾被用作颜料。

右图　来自俄罗斯斯维尔德洛夫斯克州的赤铅矿

**钼铅矿**【化学成分：$PbMoO_4$】

晶系：四方晶系
矿物习性：晶体通常为具有方形轮廓的板状、八面体、棱柱状；集合体为块状、颗粒状
解理：清楚解理
断口：参差状、半贝壳状
硬度：2.5～3
比重：6.5～7.5
颜色：黄色、橙色、棕色、黄灰色、粉色、绿棕色、蓝色
条痕色：白色
光泽：从树脂光泽、金刚光泽；透明、半透明

钼铅矿是一种钼酸盐，为次生矿物，在矿床（尤其是铅矿床）的氧化带内形成。常与方铅矿、磷氯铅矿、白铅矿、方解石、褐铁矿、孔雀石、砷铅矿、钒铅矿共生。钼铅矿可溶于加热的盐酸中，易在火焰中熔化。

右图　来自斯洛文尼克恩顿州的钼铅矿

**白钨矿**【化学成分：$Ca(WO_4)$】

晶系：四方晶系
矿物习性：晶体为八面体，板状，通常具条纹和双晶；集合体为块状、颗粒状、柱状
解理：清楚解理
断口：半贝壳状至参差状
硬度：4.5 ~ 5
比重：6.1
颜色：无色、白色、灰色、黄色、褐色、绿色、橙黄色、红色
条痕色：白色
光泽：玻璃光泽至金刚光泽；透明至半透明

下图　来自英国坎布里亚郡的白钨矿

白钨矿是一种钨酸盐，属于白钨矿族矿物，此族矿物包括钼钨钙矿、钼铅矿和钨铅矿。这些矿物含有钙、铅、钼和钨。白钨矿产于热液矿脉、伟晶岩和被接触变质作用蚀变的岩石中。它也存在于冲积砂矿中。这种矿物在紫外线下会发出白色或蓝白色的荧光。它很难熔化，但易溶于酸。白钨矿是重要的钨矿。白钨矿族中的钼钨钙矿含有钼，比白钨矿软，莫氏硬度为 3.5 ~ 4，比重也较低（4.26）。它在紫外线下发出黄色荧光。而另一种白钨矿族中的钨铅矿硬度为 2.5，比重高达 8.34。

# 磷酸盐、砷酸盐和钒酸盐

磷酸盐是金属和磷酸根结合形成的。许多磷酸盐都是次生矿物，由硫化物氧化而来。砷酸盐是由金属与砷酸根结合产生的。许多砷酸盐颜色鲜艳，结晶完整，因此受到收藏界的喜爱。钒酸盐是金属和钒酸根结合形成的。

## 磷酸盐

**锂磷铝石**【化学成分：$LiAl(PO_4)F$】

晶系：三斜晶系
矿物习性：晶体为棱柱状，通常有双晶；集合体为块状
解理：完全解理
断口：贝壳状至参差状
硬度：5.5 ~ 6
比重：3.04 ~ 3.11
颜色：白色、灰白色、无色、淡黄色、粉红色、绿色、蓝色
条痕色：白色
光泽：玻璃光泽至油脂光泽或珍珠光泽；透明至半透明

下图　来自巴西的锂磷铝石

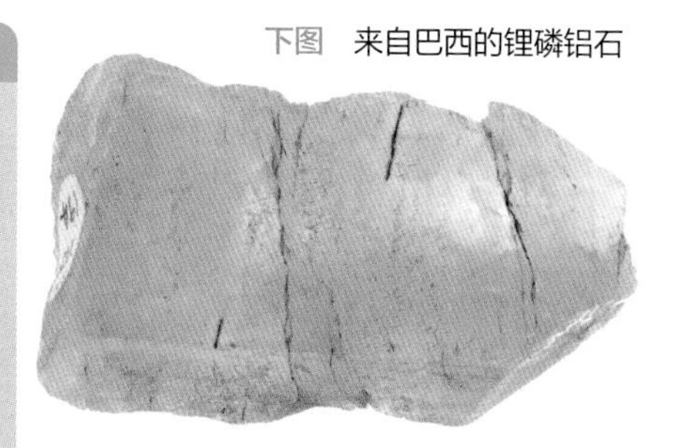

形成于花岗质伟晶岩中，有时会形成重达数吨的巨型晶体。锂磷铝石也可以大型团块的形式出现，长可达 7 米，宽可达 3 米，重达 200 吨。由于锂的含量，它很容易熔化，并使火焰呈红色。

**天蓝石**
【化学成分：$MgAl_2(PO_4)_2(OH)_2$】

晶系：单斜晶系
矿物习性：晶体为锥形状、板状，通常有双晶；集合体为块状、颗粒状、致密块状
解理：从不清晰至良好
断口：参差状
硬度：5.5 ~ 6
比重：3.12 ~ 3.24
颜色：深蓝色、淡蓝色、蓝绿色
条痕色：白色
光泽：玻璃光泽至无光泽；半透明至不透明，很少透明

下图　天蓝石

天蓝石赋存于许多地质环境中，尤其是石英矿脉、伟晶岩和石英岩中。常与石英、蓝晶石、金红石、石榴石、白云母、刚玉、红柱石、叶蜡石和硅线石共生。加热时，它会碎裂成小块，但不会熔化。极少数天蓝石可以被用作宝石。

**磷氯铅矿**【化学成分：$Pb_5(PO_4)_3Cl$】

晶系：六方晶系
矿物习性：晶体为棱柱状、六变形状、筒状，有时呈板状、锥形状；集合体为球状、肾形、葡萄状、颗粒状、土状
解理：极不完全解理
断口：参差状至半贝壳状
硬度：3.5 ~ 4
比重：7.04
颜色：绿色、黄色、灰色、橙色、棕色、白色，很少有红色
条痕色：白色
光泽：亚金刚光泽至树脂光泽；透明至半透明

下图　来自德国莱茵兰普法尔茨州巴特埃姆斯的磷氯铅矿

磷氯铅矿生成于含铅矿脉和其他铅矿床中，由原本的含铅矿物氧化蚀变而来。所以它是一种次生矿物，而且由于其发育完好的晶体和漂亮的颜色，受到不少收藏家的追捧。磷氯铅矿易溶于酸，易熔化。它是磷氯铅矿－砷铅矿系列的成员。砷铅矿具有相似的化学性质，但其含砷而不是磷。磷砷铅矿是一种不常见的具有筒状晶体的砷铅矿。尽管许多磷氯铅矿是绿色的，而砷铅矿通常是黄橙色的，但仅观察是完全无法区别这两种矿物的。

**蓝铁矿**
【化学成分：$Fe^{2+}_3(PO_4)_2.8H_2O$】

晶系：单斜晶系
矿物习性：晶体为棱柱状或板状，常成簇状或星状聚集；集合体也可以为块状、纤维状、叶片状、结壳状、凝块状、土状
解理：完全解理
断口：参差状
硬度：1.5～2
比重：2.67～2.69
颜色：无色、蓝色、绿色，暴露在空气中颜色会变深为深绿色、紫色、蓝黑色
条痕色：无色，暴露在空气中会变为深蓝色或棕色
光泽：玻璃光泽至珍珠光泽；透明至半透明

下图　来自科索沃科索夫斯卡省米特罗维察的蓝铁矿

蓝铁矿是一种次生矿物，出现于矿床的氧化带中。它也出现在伟晶岩中，由磷酸盐矿物蚀变而来。在沉积岩中，蓝铁矿会出现在骨骼化石和软体动物外壳化石上。它通常晶体发育完好，但除非埋藏较好，否则容易分解。蓝铁矿在火焰中很容易熔化，在强酸中也很容易溶解。

**铜铀云母**【化学成分：$Cu(UO_2)_2(PO_4)_2.12H_2O$】

晶系：四方晶系
矿物习性：晶体为板状、八边形或矩形，很少锥形状；集合体为片状团块、粒状、土状
解理：完全解理
断口：参差状
硬度：2 ~ 2.5
比重：3.22
颜色：各种绿色
条痕色：淡绿色
光泽：玻璃光泽至亚金刚光泽，珍珠光泽；透明至半透明

铜铀云母形成于伟晶岩中，可作为沥青铀矿蚀变而成的次生矿物出现。由于具有放射性，它的铀含量会发生衰减，因此铜铀云母化学成分的不稳定性会导致其随着时间的推移而变成另一种矿物偏铜铀云母。铜铀云母易溶于强酸。其被用作提炼铀，在处理标本时必须非常小心。

下图　来自法国的铜铀云母

**钙铀云母**【化学成分：$Ca(UO_2)_2(PO_4)_2.10\text{-}12H_2O$】

晶系：斜方晶系
矿物习性：晶体为板状、八边形或长方形，常呈扇形聚集；集合体为结壳状、颗粒状、土状
解理：完全解理
断口：参差状
硬度：2 ~ 2.5
比重：3.05 ~ 3.2
颜色：深浅不一的黄色、绿黄色，浅绿至深绿色
条痕色：淡黄色
光泽：玻璃光泽，珍珠光泽，无光泽；透明至半透明

这种放射性矿物通常见于伟晶岩、热液矿脉和花岗岩中，由铀矿经二次蚀变而来。钙铀云母是一种非常重要的铀矿石。在紫外线下发出强烈的

荧光，并呈现黄绿色。当加热时，它会转变为变钙铀云母。处理这种放射性样品时必须格外小心。

右图　来自葡萄牙维塞乌的钙铀云母

**磷钇矿【化学成分：$Y(PO_4)$】**

晶系：四方晶系
矿物习性：晶体为棱柱状、锥形状，集合体常呈花簇状
解理：完全解理
断口：锯齿状或参差状
硬度：4 ~ 5
比重：4.4 ~ 5.1
颜色：黄褐色、红褐色，也有浅黄色、浅灰色、红色、绿色
条痕色：浅棕色
光泽：玻璃光泽至树脂光泽；半透明至不透明

下图　来自挪威特韦德斯特兰在寄主岩石中的磷钇矿晶体

磷钇矿形成于伟晶岩等火成岩中，尤其是花岗岩和正长岩。它也出现在高级变质岩中，与云母和长石共生。共生的其他矿物包括石英、锆石、锐钛矿、金红石、菱铁矿和磷灰石。磷钇矿也可出现在石英脉中，并作为沉积物中的碎屑矿物。

**独居石-(Ce)**【化学成分：$Ce(PO_4)$】

晶系：单斜晶系
矿物习性：晶体为板状、棱柱状，通常表面粗糙，有条纹，双晶，有时晶体尺寸非常大；集合体为块状、颗粒状
解理：清楚解理
断口：贝壳状至参差状
硬度：5 ~ 5.5
比重：5 ~ 5.5
颜色：红棕色、棕色、灰白色、黄色、绿色、粉色
条痕色：白色
光泽：树脂光泽，蜡质光泽，玻璃光泽至亚金刚光泽；透明至亚透明

下图　独居石

独居石－（Ce）属于独居石族矿物，这是一类含有磷酸盐、砷酸盐和硅酸盐的矿物，其下包括四种独居石。独居石－（Ce）（含铈）最常见。其他则有独居石－（La）（镧）、独居石－（Nd）（钕）和独居石－（Sm）（钐）。独居石产于伟晶岩、高级变质岩和石英脉中。它也存在于堆积在海滩和河床上的冲积砂矿中。独居石－（Ce）是铈的主要矿石，通常含有微量的钍。它不溶于水，并且不会熔化。

**银星石**【化学成分：$Al_3(PO_4)_2(OH)_3.5H_2O$】

晶系：斜方晶系
矿物习性：晶体非常小并且罕见，为棱柱状，集合体通常呈放射状聚集，也呈球状，钟乳状和结壳状
解理：完全解理
断口：半贝壳状至参差状
硬度：3.5 ~ 4
比重：2.36
颜色：白色、绿白色、绿色、黄色、黄褐色、棕色、棕黑色、蓝色
条痕色：白色
光泽：玻璃光泽至树脂光泽或珍珠光泽；透明至半透明

银星石是在热液矿脉和某些变质岩中的一种次生矿物，常常在岩石裂缝表面形成花簇状和放射状的集合体。有时会形成小的球状结构，当被切开时，会显示出精细的辐射状结构。因此，其具有一定的收藏价值。银星石易溶于强酸，但不能熔化。

右图　来自英国德文郡西巴克兰的银星石

**绿松石**【化学成分：$CuAl_6(PO_4)_4(OH)_8.4H_2O$】

晶系：三斜晶系
矿物习性：晶体尺寸小且不常见，为棱柱状；集合体通常是块状、颗粒状、凝块状、钟乳石状、结壳状
解理：完全解理
断口：贝壳状
硬度：5 ~ 6
比重：2.6 ~ 2.8
颜色：亮蓝色、蓝绿色、苹果绿、绿灰色
条痕色：白色至淡绿色
光泽：玻璃光泽，蜡质光泽或无光泽；透明至不透明

右图　来自埃及西奈半岛南部马加拉河的绿松石

绿松石是一种次生矿物，由富含铝的岩石（如果其中还含铜会更容易产生）发生蚀变（尤其是风化作用）时形成，蚀变通常是由于表面的水渗入其中所致。

因其具有漂亮的蓝色，这种矿物作为宝石已有很多年的历史。虽然对于宝石来说其相对硬度不高，但它抛光后的光泽则非常漂亮。有些标本因为含有小块斑状的黄铁矿而具有独特的吸引力。现如今，人造绿松石在宝石行业的应用比自然绿松石还多。绿松石可溶于加热的盐酸，但不能熔化。

右图　来自美国弗吉尼亚州坎贝尔县林奇车站的绿松石

**磷灰石**
【化学成分：$Ca_5(PO_4)_3(F,Cl,OH)$】

晶系：六方晶系
矿物习性：晶体为棱柱状、板状；集合体为块状、颗粒状、葡萄状覆层
解理：不完全解理
断口：贝壳状至参差状
硬度：5
比重：2.9 ~ 3.22
颜色：绿色、黄色、棕色、白色、无色、蓝色、紫色、粉色
条痕色：白色
光泽：玻璃光泽至树脂光泽；透明至不透明

磷灰石严格来说是一个复杂的矿物超族的名字以及一个较（比之前面的超族）的磷酸钙矿物族的名字。因为很难从视觉上区分磷灰石超族中的某一个特定成员，因此地质学家更倾向于把它们统称为磷灰石，只有经详细的检测才能甄别其种类。磷灰石硬度为5。超族中不仅包括磷酸盐，还包括砷酸盐和钒酸盐。它们含有多种化学元素，包括钡、铈、锶和钇。磷灰石超族矿物形成于火成岩和变质岩中，尤其是大理岩。它们的主要工业用途是生产磷肥。其中一种特别的矿物种类羟基磷灰石同样也是构成我们人类骨骼

和牙齿的成分。一些磷灰石矿物在紫外线下呈现黄色荧光。

右图　来自美国缅因州磷灰石山的磷灰石

左图　来自墨西哥杜兰戈的磷灰石

**磷铝石**【化学成分：$Al(PO_4).2H_2O$】

晶系：斜方晶系
矿物习性：晶体为八面体，较为稀有；集合体为块状，或作为覆层或结核
解理：完全解理
断口：贝壳状、参差状、锯齿状
硬度：3.5 ~ 4.5
比重：2.56 ~ 2.61
颜色：淡绿色、翡翠绿、蓝绿色、无色，偶见粉红色
条痕色：白色
光泽：玻璃光泽，蜡状光泽，无光泽；透明至半透明

下图　来自美国犹他州费尔菲尔德，切开的结核状磷铝石被抛光后的表面

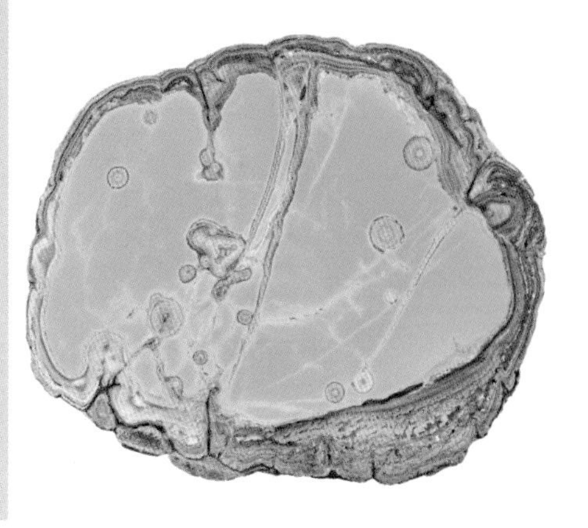

磷铝石是一种分布广泛的矿物，由富磷酸盐的水与含铝岩石发生反应所形成。虽然它的外观与绿松石相似，但通常磷铝石更绿一些。其也被用作宝石。磷铝石不能熔化，如果加热会溶解在酸中。

**磷铝钠石**
【化学成分：$NaAl_3(PO_4)_2(OH)_4$】

晶系：单斜晶系
矿物习性：晶体为棱柱状，也可呈矛状；集合体呈球状，内部有放射状纤维结构
解理：良好解理
断口：贝壳状
硬度：5.5
比重：2.98
颜色：无色、淡黄绿色、淡黄色
条痕色：无色
光泽：玻璃光泽；透明的

磷铝钠石形成于伟晶岩中被热液上升填充的孔洞（晶洞）中。和绿柱石、石英、长石、磷灰石、电气石和云母共生。磷铝钠石的发现相对较新，最早被描述于 70 年前，并且最初被误认为是金绿宝石。它被用作宝石，但在收藏界并不是主流。磷铝钠石在强酸中很难溶解。

右图　来自巴西米纳斯吉拉斯的磷铝钠石

## 砷酸盐

**水砷锌矿**
【化学成分：$Zn_2(AsO_4)(OH)$】

晶系：斜方晶系
矿物习性：晶体为板状，常有楔形尖灭；集合体为交织状、放射状或球状
解理：良好解理
断口：半贝壳状至参差状
硬度：3.5
比重：4.32 ~ 4.48
颜色：黄绿色、绿色、黄色、粉色、白色、无色、蓝色
条痕色：白色
光泽：玻璃光泽；透明至半透明

下图　来自墨西哥杜兰戈州的水砷锌矿

水砷锌矿是一种次生矿物，形成于矿床（尤其是含锌矿的矿脉）的蚀变带。常与孔雀石、蓝铜矿、方解石、异极矿和菱锌矿共生。水砷锌矿可在火焰中熔化，在稀酸中就可溶解，有时能在紫外线下发出黄色荧光。

**镍华**【化学成分：$Ni_3(AsO_4)_2.8H_2O$】

晶系：单斜晶系
矿物习性：晶体为棱柱状，常具条纹面；集合体为结晶质覆层和土状或粉状
解理：完全解理
断裂：参差状
硬度：1.5 ~ 2.5
比重：3.07
颜色：白色、灰色、淡绿色、黄绿色、粉红色、褐色
条痕色：比矿物颜色浅
光泽：金刚光泽，珍珠光泽或无光泽；透明至半透明

下图　来自澳大利亚昆士兰州的钴华

这种次生矿物产生在含镍矿脉的氧化带内。镍华与钴华关系密切，两者的化学性质非常相似，但

钴华含有钴而不是镍，其组成为 $Co_3(AsO_4)_2.8H_2O$。这两种矿物的主要鉴别依据之一是颜色：钴华为紫红色至深粉色，镍华颜色为绿色和黄色，尽管某些镍华样品中含有的少量钴可能会将其颜色变为略带粉红色。两者硬度相同。钴华的比重为 3.06。这两种矿物质都溶于酸，在火焰中很容易熔化。

右图　来自希腊阿提卡的镍华

---

**橄榄铜矿**
【化学成分：$Cu_2(AsO_4)(OH)$】

晶系：单斜晶系
矿物习性：晶体为棱柱状、针状、板状；集合体为肾形、球状、块状、粒状、土状、结节状
解理：不清晰解理
断口：参差状至贝壳状
硬度：3
比重：4.46
颜色：橄榄绿、棕绿色、棕色、黄色、灰绿色、白色
条痕色：黄绿色
光泽：玻璃光泽至金刚光泽，珍珠光泽，丝绢光泽；半透明至不透明

下图　来自英国康沃尔郡的橄榄铜矿

橄榄铜矿是一种次生矿物，在铜矿脉的蚀变带中形成，与孔雀石、蓝铜矿、针铁矿、方解石和绿铜矿等多种其他矿物一起共生。它常作为岩石覆层出现，但很难形成发育完整的晶体和针状聚集体。橄榄铜矿和光线石（一种和它化学性质相似的矿物）一样，可在火焰中熔化，并产生大蒜的气味，可在酸中溶解。

## 光线石
【化学成分：$Cu_3(AsO_4)(OH)_3$】

晶系：单斜晶系
矿物习性：晶体为板状、细长状、菱形状；集合体呈圆形轮廓和放射状结构的花簇状
解理：完全解理
断口：参差状
硬度：2.5 ~ 3
比重：4.38
颜色：深蓝色至黑色
条痕色：绿蓝色
光泽：玻璃光泽，珍珠光泽；透明至半透明

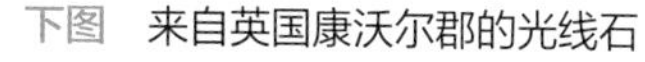
下图　来自英国康沃尔郡的光线石

光线石是一种次生矿物，产生在铜矿床的风化带和氧化带内。它是一种不常见的矿物，常与橄榄铜矿共生，这是一种和光线石化学成分相似的矿物。由于它含砷，所以加热时，光线石散发出大蒜的气味。其易溶于酸。

## 砷铅矿【化学成分：$Pb_5(AsO_4)_3Cl$】

晶系：六方晶系
矿物习性：晶体为棱柱状、针状；集合体为球状、葡萄状、肾形、颗粒状
解理：无
断口：半贝壳状至参差状
硬度：3.5 ~ 4
比重：7.24
颜色：黄色、棕黄色、橙黄色、橙色、红色、白色、无色
条痕色：白色
光泽：亚金刚光泽至树脂光泽；透明至半透明

下图　来自英国坎布里亚郡科尔德贝克的砷铅矿变种

这种次生矿物形成于矿脉和其他含铅矿床的氧化带内。砷铅矿与方铅矿、磷氯铅矿、石英、毒砂、异极矿和钒铅矿等多种其他矿物一起共生。一种被称为磷砷铅矿的砷铅矿，以产状为桶形晶体而闻名。砷铅矿与磷氯铅矿（一种含铅的磷酸盐）关系密切。砷铅矿能溶于酸，很容易融化，因为它含有砷，所以加热时有大蒜的气味。

下图　来自德国萨克森州约翰乔治城的砷铅矿

**臭葱石**【化学成分：$Fe^{3+}(AsO_4).2H_2O$】

晶系：斜方晶系

矿物习性：晶体为锥形状、板状、棱柱状；集合体为块状、土状、结壳状

解理：不完全解理

断口：半贝壳状

硬度：3.5 ~ 4

比重：3.27

颜色：灰绿色、黄褐色、棕色、蓝绿色、蓝色、紫色、无色

条痕色：绿白色

光泽：玻璃光泽，树脂光泽或无光泽；透明至半透明

右图　来自英国德文郡的石英上的臭葱石

臭葱石是一种常见的次生矿物，由其他富砷矿物经氧化形成。在毒砂破碎和碎裂的地方可以找到它，并能形成结晶质覆层。其可溶于盐酸和硝酸，可被风化成褐铁矿。

**乳砷铅铜矿**【化学成分：$Cu_3PbO(AsO_3OH)_2(OH_2)$】

晶系：单斜晶系
矿物习性：晶体罕见；通常为块状、粉状或细粒状；也可形成具有纤维结构的覆层和结核
解理：无
断口：参差状
硬度：4.5
比重：5.24 ~ 5.65
颜色：草绿色、黄绿色
条痕色：绿色
光泽：树脂光泽；半透光

乳砷铅铜矿是一种不常见的次生矿物，是在含铅和砷的铜矿床的氧化带内形成的。因此，它与许多矿物共生，包括蓝铜矿、孔雀石、铅矾、重晶石、白铅矿、钼铅矿、橄榄铜矿和砷铅矿。乳砷铅铜矿在封闭的试管中加热时会脱去水分。

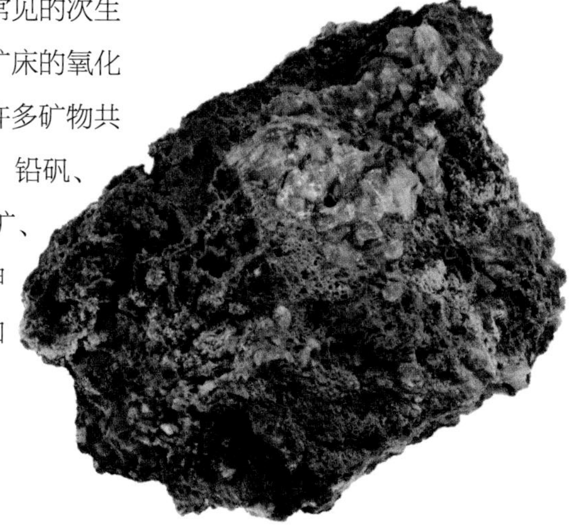

右图　来自英国康沃尔的石英上的乳砷铅铜矿

**毒铁石**【化学成分：$KFe^{3+}_4(AsO_4)_3(OH)_4.6\text{-}7H_2O$】

晶系：立方晶系
矿物习性：晶体呈立方体，通常具斜纹面，四面体状；集合体为颗粒状、泥土状
解理：不完全解理
断口：参差状
硬度：2.5
比重：2.80
颜色：祖母绿、橄榄绿、黄色、红棕色、深棕色
条痕色：黄绿色
光泽：金刚光泽至油脂光泽；透明至半透明

毒铁石是一种较为罕见的矿物，在含砷矿床的氧化带内形成。这里通常还发生毒砂和砷黝铜矿等矿物的蚀变。它也可以在热液矿脉中发现。伴生矿物有臭葱石和砷菱铅矾。

下图　来自英国康沃尔的毒铁石

## 钒酸盐

**钒铅矿**【化学成分：$Pb_5(VO_4)_3Cl$】

晶系：六方晶系
矿物习性：棱柱状、针状晶体，有时为中空或漏斗状；集合体为球状
解理：无
断口：贝壳状至参差状
硬度：2.5 ~ 3
比重：6.88
颜色：鲜红色、橙红色、棕红色、淡黄色、棕黄色
条痕色：白色或淡黄色
光泽：从树脂光泽至亚金刚光泽；透明至不透明

下图　来自摩洛哥的钒铅矿

钒铅矿是在矿脉和其他含铅矿床的氧化蚀变过程中产生的。钒铅矿是一种有开发潜力的钒矿，钒在工业上被用于生产钢合金，但大多数是从其他矿物中获得的。钒铅

矿因其鲜艳的颜色和结晶习性受到矿物收藏家的青睐。它很容易在火焰中熔化，在硝酸中溶解，液体蒸发后留下红色残留物。

**钒铅锌矿**【化学成分：$PbZn(VO_4)(OH)$】

晶系：斜方晶系
矿物习性：晶体通常呈锥形状、棱柱状或片状，表面参差或粗糙；集合体为钟乳石状、葡萄状、块状、粒状、结壳状
解理：无
断口：参差状至贝壳状
硬度：3～3.5
比重：6.20
颜色：橙红色、暗红棕色、黑棕色、深绿色、黑色
条痕色：黄橙色至红棕色
光泽：玻璃光泽至油脂光泽；透明至不透明

右图　来自纳米比亚格鲁特方丹的钒铅锌矿

钒铅锌矿是一个小范围的砷酸盐和钒酸盐矿物类群的名字，其中包括钒铜铅矿。钒铜铅矿与钒铅锌矿具有非常相似的化学成分，以含铜为主而不是锌，化学式为 $PbCu(VO_4)(OH)$。钒铜铅矿的比重较低，为 5.90。两者均为斜方晶系，晶体为锥形状、棱柱状或片状。钒铅锌矿和钒铜铅矿是矿床发生蚀变的次生矿物。它们与许多其他次生矿物共生，包括钒铅矿、磷氯铅矿、砷铅矿、方解石和白铅矿。钒铅锌矿溶于酸，在火焰中易熔化。

# 硅酸盐

硅酸盐矿物是一种丰富的矿物大类。许多硅酸盐矿物是非常重要的造岩成分。例如，花岗岩和玄武岩等火成岩主要由硅酸盐矿物和石英（二氧化硅）组成。因为硅酸盐矿物通常具有很高的硬度，因此它们能在侵蚀中保留下来并成为沉积岩的一部分。许多变质岩也含有原生的硅酸盐矿物。从化学上看，硅酸盐是由硅、氧与其他化学元素（主要是铝、铁、钙、镁、钾、钠等）结合而成的化合物。这些矿物有非常复杂的化学式。

辉石族矿物是一类具有非常相似内部结构的硅酸盐，其含有金属元素，特别是铁、镁和钙，而缺乏羟基。在基性和超基性火成岩中，以及在某些变质岩中，它们是重要的造岩矿物。正辉石亚族的晶体属于斜方晶系，而斜辉石亚族的晶体属于单斜晶系。辉石通常有两个良好的解理面，相交角近 90°。

闪石超族的矿物可以有非常复杂的化学式，但通常是金属元素和含水硅酸盐组成的化合物。它们以造岩矿物的形式出现在中酸性火成岩中，也见于许多变质岩中。与辉石族一样，存在两个良好的解理面，但在闪石矿物中，它们之间的夹角约为 120°。

云母族矿物常见于酸性火成岩、变质岩和一些沉积岩中。这个矿物族的成员通常是由易碎的薄片组成的，使得它们非常脆弱。在岩石学研究中，区分浅色和深色云母非常有用，因为颜色不同代表它们的化学性质不同；较浅色的含铝，有时含锂，而较深色的则含镁和铁。

长石是岩石含量丰富的矿物族之一，是许多火成岩和变质岩中必不可少的主要成分。其中分为两个大类，斜长石和钾长石。斜长石是含钠和钙的铝硅酸盐，这些元素可以相互替代，形成一系列的矿物。钠长石和钙长石为钠－钙长石系列的两个端元（以含钠和钙的比例区分）。这两个端元之间有许多命名的变种。

钾长石是含钾的铝硅酸盐。正长石、透长石和微斜长石是该类常见的三种矿物。这些长石往往是酸性火成岩（如流纹岩和花岗岩）中的主要成分。它们也出现在片岩和片麻岩中，以及以颗粒形式出现在一些沉积岩中。长石晶体通常有双晶，颜色为浅色，并且很容易变成黏土矿物。

似长石族的成员内部结构和化学性质与长石相近，为含钠、钾和钙的铝硅酸盐，但二氧化硅含量较少。典型的似长石包括霞石、方钠石和青金石。

沸石常出现在基性火成岩的气孔中。它们是化学结构中含水（水合）的铝硅酸盐矿物。所含的水可以通过加热去除，在合适的条件下可再次吸收结合水，这种性质称为可逆性脱水。沸石含有金属，特别是钠、钙和钾。沸石包括方沸石、片沸石、钠沸石和辉沸石等。

**橄榄石**【化学成分：$Fe^{2+}{}_2SiO_4$（铁橄榄石）至 $Mg_2SiO_4$（镁橄榄石）】

晶系：斜方晶系
矿物习性：晶体通常厚而扁平，末端呈楔形；通常是颗粒状、块状
解理：不完全解理
断口：贝壳状
硬度：7
比重：4.39（铁橄榄石），3.27（镁橄榄石）
颜色：绿色、绿黄色、黄色、黄褐色、棕色、白色、无色
条痕色：无色
光泽：玻璃光泽至油脂光泽；透明至半透明

橄榄石是一系列矿物的总称，其成分主要是含铁和含镁比例不等的硅酸盐。铁橄榄石是该系列的富铁端元，另一端的富镁端元则是镁橄榄石。这两个端元矿物具有几乎相同的性质，包括硬度和晶系，但它们不同的化学组成则让它们的比重不同。这个系列的成员主要作为火成岩中的原生矿物，是上地幔的重要组成部分。铁橄榄石也出现在被变质作用影响的含铁沉积物中，镁橄榄石则出现在基性火成岩（尤其是玄武岩）以及超基性火成岩（尤其是橄榄岩）和变质白云岩中。纯橄榄岩是一种主要由橄榄石组成的超基性岩。绿色的宝石级橄榄石被称为贵橄榄石。这种宝石的颜色因矿物的化学成分不同而有差别。

下图　来自澳大利亚维多利亚富兰克林山的橄榄石

左图　来自埃及红海圣约翰岛，橄榄石中的贵橄榄石

**石榴石族**【石榴石是指一类复杂的铝硅酸盐，包括以下三种】

晶系：立方晶系
解理：无
断口：参差状至贝壳状
条痕色：白色
光泽：玻璃光泽至树脂光泽；透明至半透明

### 铁铝榴石

化学成分：$Fe^{2+}{}_3Al_2(SiO_4)_3$

矿物习性：晶体为十二面体、四面体；集合体为块状、颗粒状、致密块状

硬度：7.5

比重：4.32

颜色：深红色、棕红色、棕黑色

### 钙铝榴石

化学成分：$Ca_3Al_2(SiO_4)_3$

矿物习性：晶体为十二面体、四面体；集合体为块状、颗粒状、致密块状

硬度：6.5～7

比重：3.59

颜色：无色、白色、黄色、绿色、橙色、红色、棕色

### 镁铝榴石

化学成分：$Mg_3Al_2(SiO_4)_3$

矿物习性：晶体很罕见，为十二面体、四面体；集合体通常呈块状或颗粒状

硬度：7.5

比重：3.58

颜色：粉红色、略带紫色、红色、橙红色、黑色

右图　来自加拿大魁北克省里士满县阿斯贝斯托斯的钙铝榴石

下图　来自瑞典的铁铝榴石

作为铝硅酸盐矿物的石榴石族产于变质岩和火成岩中。铁铝榴石和钙铝榴石在片岩和大理岩中形成，而镁铝榴石倾向于在超基性火成岩（如橄榄岩）和变质蛇纹岩中产生。由于其硬度高和抗侵蚀性强，一些剥蚀后的石榴石晶体会出现在冲积砂矿和砾石中。因其明亮的颜色和高硬度使得很多种类被用作宝石。其中有三种著名的石榴石宝石：锰铝榴石、钙铁榴石和钙铬榴石。

上图　来自澳大利亚新南威尔士州布罗肯希尔的锰铝榴石

左图　石榴石

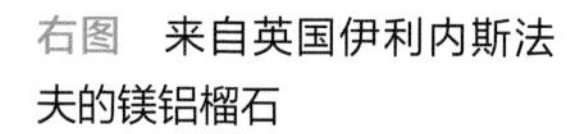

右图　来自英国伊利内斯法夫的镁铝榴石

## 粒硅镁石【化学成分：$Mg_5(SiO_4)_2F_2$】

晶系：单斜晶系
矿物习性：晶体易变，通常有双晶；集合体为块状
解理：不清晰
断口：参差状至半贝壳状
硬度：6 ~ 6.5
比重：3.16 ~ 3.26
颜色：黄色、橙色、红色、棕色
条痕色：灰白色
光泽：玻璃光泽；透明至半透明

下图　来自越南，在大理岩中的粒硅镁石共生尖晶石

粒硅镁石通常出现在被接触变质作用影响的石灰岩和白云岩中，也可以出现在富含钙的火成岩（碳酸盐岩）中，但不多见。这种矿物可以溶解在热盐酸中，当冷却时，形成凝胶状沉淀物。它在火焰中不熔化。粒硅镁石属于硅酸盐矿物中的硅镁石族，此族包括斜硅镁石、块硅镁石和硅镁石。

## 黄玉【化学成分：$Al_2SiO_4F_2$】

晶系：斜方晶系
矿物习性：晶体为棱柱状，经常被高度修饰，有时非常大；集合体为块状、颗粒状、柱状
解理：完全解理
断口：半贝壳状至参差状
硬度：8
比重：3.52 ~ 3.57
颜色：无色、白色、蓝色、绿色、黄色、黄褐色、橙色、灰色、浅紫色、粉色
条痕色：无色
光泽：玻璃光泽；透明至半透明

下图　来自印度的黄玉

黄玉主要存在于流纹岩和花岗质伟晶岩中，它可以以巨大的晶体形式出现在晶洞中以及在高温下形成的石英脉中。其晶体的重量可达 300 公斤。黄玉也可以出现在被接触变质作用影响的岩石中或者砂矿床中。伴生矿物包括石英、电气石、绿玉、萤石、锡石、钠长石、微斜长石和白云母。黄玉是一种宝石，硬度为 8，不溶于酸，也不能在火焰中熔化。

**硅锌矿**【化学成分：$Zn_2SiO_4$】

晶系：三方晶系
矿物习性：晶体为棱柱状、六角形；集合体为块状、纤维状、致密块状、颗粒状
解理：极不完全解理
断口：贝壳状至参差状
硬度：5.5
比重：3.89 ~ 4.19
颜色：无色、白色、绿色、灰色、红色、棕色、黄色
条痕色：无色
光泽：玻璃光泽至树脂光泽；透明至半透明

下图　来自美国新泽西州富兰克林的硅锌矿

硅锌矿通常作为一种次生矿物出现在锌矿床（特别是含有闪锌矿）的蚀变带内，也可以在变质过的石灰岩中形成。它很少作为一种原生矿物出现，其作为一种锌矿来源被人类开采利用。这种矿物在不同波长的紫外线下会发出强烈的黄色或绿色荧光，并且可以发出磷光。如果为粉末状，则可以溶解在盐酸中，但不能在火中熔化。

**硅铍石【化学成分：$Be_2SiO_4$】**

晶系：三方晶系
矿物习性：晶体为棱柱状、菱形、针状，通常有双晶；集合体为颗粒状，柱状，如放射排列的圆形块状
解理：清楚解理
断口：贝壳状
硬度：7.5 ~ 8
比重：2.96 ~ 3
颜色：无色、粉色、粉红色、棕色、黄色
条痕色：白色
光泽：玻璃光泽；透明的

左图　来自缅甸的硅铍石

硅铍石形成于花岗质伟晶岩、云英岩、云母片岩和一些矿脉中。它与石英、绿柱石、黄玉、金绿宝石和磷灰石共生。硅铍石不会在火焰中熔化或在酸中溶解。这种矿物曾被用作宝石，其硬度为 7.5 ~ 8，耐磨性极佳。当完成刻面后，它会拥有钻石般的耀眼光泽。

**锆石【化学成分：$Zr(SiO_4)$】**

晶系：四方晶系
矿物习性：晶体为棱柱状，双端尖灭；集合体偶见成束状放射状纤维状团聚体，很少呈颗粒状
解理：不完全解理
断口：参差状
硬度：7 ~ 8
比重：4.6 ~ 4.7
颜色：无色、棕色、红色、紫色、黄色、绿色、灰色
条痕色：白色
光泽：玻璃光泽至金刚光泽；透明的

下图　来自挪威阿尔塔芬马克赛兰岛的锆石

锆石通常作为一种副矿物存在于火成岩（包括花岗岩、伟晶岩和正长岩）以及一些变质岩（如片麻岩和片岩）中。它也可以通过对其源岩的风化、侵蚀和再沉积而出现在碎屑沉积岩和海滩砂中。这种矿物也存在于月球岩石和陨石中。锆石不溶于酸，不会在火焰中熔化。它通常具有很弱的放射性，因为它可以包含少量的铀。这种特点可以用于岩石的定年。锆石是锆的主要来源矿石。有些品种被用作宝石，这些宝石品种通常都是从砂矿床中的碎屑卵石中提取的。

**十字石**
【化学成分：$Fe^{2+}_2Al_9Si_4O_{23}(OH)$】

晶系：单斜晶系
矿物习性：晶体为短棱柱状，常有双晶，双晶呈交叉 90° 或 60°（十字形）；集合体为颗粒状
解理：清楚解理
断口：参差状至半贝壳状
硬度：7 ~ 7.5
比重：3.74 ~ 3.83
颜色：深棕色，红棕色，黄棕色，棕黑色
条痕色：无色至灰色
光泽：玻璃光泽至树脂光泽；半透明至不透明

下图　来自美国康涅狄格州利奇菲尔德县利奇菲尔德的十字石

十字石主要以变斑晶的方式存在于片麻岩和云母片岩等区域变质岩石中。伴生矿物包括蓝晶石、石榴石、白云母和石英。十字石的硬度很高，从而使其耐侵蚀，因此它也出现在冲积砂矿中。十字石因其十字结构而出名，它的英文名“Staurolite”源自希腊语“stauros”，意思是交叉。

**红柱石【化学成分：$Al_2SiO_5$】**

晶系：斜方晶系
矿物习性：晶体为棱柱状，横截面为正方形或十字形；集合体为块状、致密块状，或呈柱状和纤维状聚集体
解理：清楚解理
断口：参差状至半贝壳状
硬度：6.5 ~ 7.5
比重：3.13 ~ 3.21
颜色：红棕色、粉色、红色、白色、灰色、绿色、黄色
条痕色：无色
光泽：玻璃光泽；透明至不透明

上图　来自南澳大利亚宾博里的红柱石变种——空晶石

下图　来自德国拜仁的红柱石

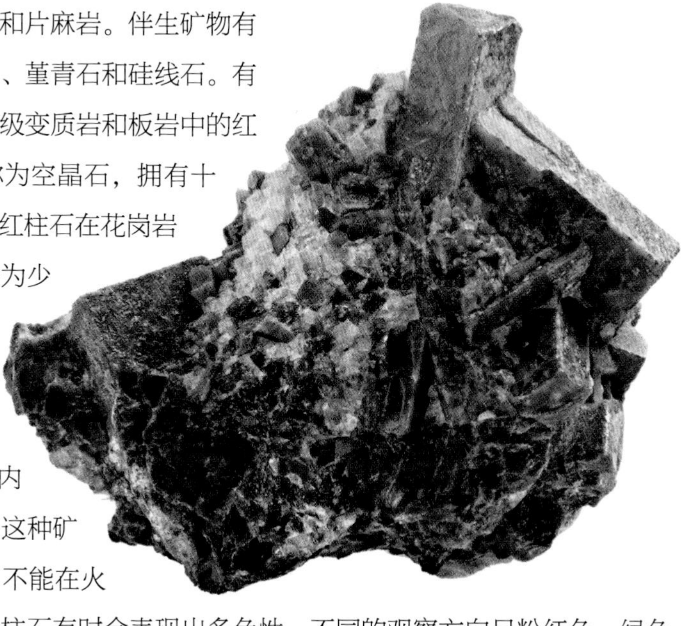

红柱石通常形成于变质岩中，包括板岩、片岩和片麻岩。伴生矿物有蓝晶石、刚玉、堇青石和硅线石。有一种常见于低级变质岩和板岩中的红柱石种类被称为空晶石，拥有十字形的晶体。红柱石在花岗岩和伟晶岩中较为少见。它的化学成分与硅线石和蓝晶石相同，但内部结构不同。这种矿物不溶于水，不能在火焰中熔化，红柱石有时会表现出多色性，不同的观察方向呈粉红色、绿色等不同颜色。

## 硅线石【化学成分：$Al_2SiO_5$】

晶系：斜方晶系
矿物习性：晶体为棱柱状，截面呈方形，有垂直条纹；集合体为块状、纤维状、柱状
解理：完全解理
断口：参差状
硬度：6.5 ~ 7.5
比重：3.23 ~ 3.27
颜色：无色、白色、灰色、黄色、绿色、蓝色、棕色
条痕色：无色
光泽：玻璃光泽至丝绢光泽；透明至半透明

下图　硅线石

硅线石与蓝晶石、红柱石为同质三象。这三种矿物的化学式相同，但内部结构不同。硅线石产于变质岩（如片麻岩和片岩）和火成岩（花岗岩）中。伴生矿物包括刚玉、堇青石和红柱石。也可以作为长石和石英中的包裹体。罕见的浅蓝灰色半透明的晶体种类会被用作宝石，并可能有猫眼现象。

## 榍石【化学成分：$CaTiSiO_5$】

晶系：单斜晶系
矿物习性：晶体呈扁平状、楔形状或棱柱状，通常有双晶；集合体为块状、致密块状
解理：清楚解理
断口：半贝壳状
硬度：5 ~ 5.5
比重：3.48 ~ 4.6
颜色：无色、绿色、棕色、灰色、黄色、红色、黑色
条痕色：白色
光泽：金刚光泽至树脂光泽；透明至不透明

榍石的英文“titanite”是因其含钛（titanium）而得名，通常作为副矿物出现在火成岩，尤其是正长岩中。它也可以在各种变质岩中发现，包括片麻岩和片岩。榍石可以在钛含量足够的情况下被用来提炼钛。这种矿物可以在火焰中熔化，并形成黄色玻璃，可溶于硫酸中。榍石的另一个英文名是（Sphene）。

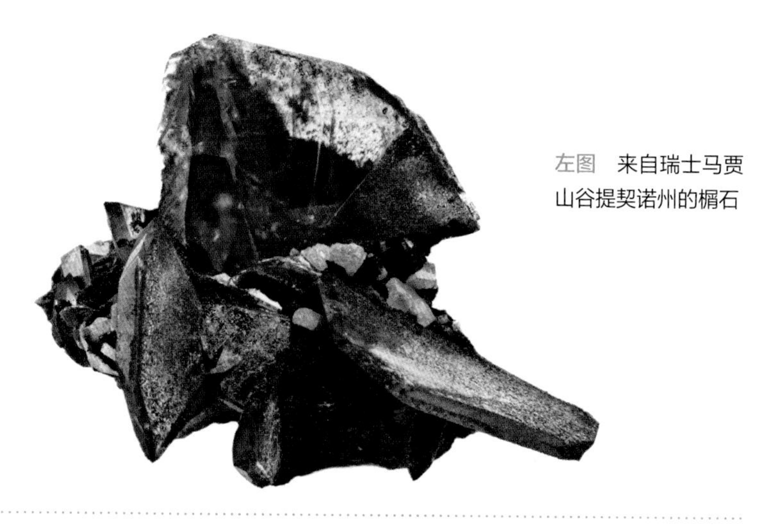

左图　来自瑞士马贾山谷提契诺州的榍石

**蓝晶石【化学成分：$Al_2SiO_5$】**

晶系：三斜晶系
矿物习性：晶体呈扁平的叶片状，经常被扭曲或弯曲；集合体为块状、纤维状
解理：完全解理
断口：参差状
硬度：5.5 ~ 6.5
比重：3.56 ~ 3.68
颜色：通常为蓝色、灰色、白色或无色，很少淡黄色、绿色、粉色、橙色、黑色
条痕色：无色
光泽：玻璃光泽至珍珠光泽；透明至半透明

左图　来自巴西波尔泰里尼亚米纳斯吉拉斯州的蓝晶石

蓝晶石与红柱石、硅线石呈同质三象，三者化学成分相同。它通常出现在变质岩中，尤其是片岩和片麻岩中。蓝晶石也存在于花岗岩和伟晶岩中。其硬度取决于进行划痕测试的方向。当沿晶体长轴进行测试时，硬度

较低；当横穿晶面测试时则硬度较高。虽然典型的蓝晶石是蓝色，但其颜色变化很大。这种矿物不溶于酸，也不在火焰中熔化。

**蓝线石**【化学成分：$(Al,Fe^{3+})_7(SiO_4)_3(BO_3)O_3$】

晶系：斜方晶系
矿物习性：晶体较稀少，为棱柱状；集合体为块状、纤维状、粒状、柱状
解理：良好解理
断口：参差状
硬度：7～8
比重：3.21～3.41
颜色：蓝色、紫色、粉色、棕色
条痕色：白色
光泽：玻璃光泽至无光泽；透明至半透明

蓝线石产于富铝的变质岩中，有时也产于伟晶岩中。它不能熔化，放在酸中也不会溶解。这种分布广泛的矿物非常坚硬，但纤维状的结构使其并不适合用作宝石，不过含有蓝线石晶体的石英有时会被抛光并用于珠宝。

下图　来自马达加斯加的石英中的蓝线石

**异性石**【化学成分：$Na_{15}Ca_6Fe_3Zr_3Si(Si_{25}O_{73})(O,OH,H_2O)_3(Cl,OH)_2$】

晶系：三方晶系
矿物习性：晶体为板状、棱柱状、菱形状；集合体为块状、颗粒状
解理：不清晰解理
断口：参差状
硬度：5～6
比重：2.74～3.1
颜色：棕黄色、棕色、红色、粉色
条痕色：无色
光泽：玻璃光泽至油脂光泽或无光泽；半透明

异性石主要产于正长岩和与其相关的火成岩中，常与霓石、霞石和微斜长石伴生，也能在伟晶岩中被发现。有的异性石除了含锆，还含有钇，可以被用来提炼稀土元素。其在全球范围内产出相对稀少，但产地富集度很高，易溶于酸。

右图 来自俄罗斯摩尔曼斯克州希比内山的异性石

**蓝柱石**【化学成分：$BeAlSiO_4(OH)$】

晶系：单斜晶系
矿物习性：晶体为棱柱状，通常很长，但也可能短而粗，晶面经常有条纹；集合体为块状，少见呈放射状聚集体，纤维状
解理：完全解理
断口：贝壳状
硬度：7.5
比重：2.99 ~ 3.1
颜色：白色、蓝色、浅绿色、浅粉红色、浅黄色、无色
条痕色：白色
光泽：玻璃光泽；透明至半透明

下图 显示条纹面的蓝柱石

蓝柱石在低级区域变质岩（如千枚岩）、中级区域变质岩（如片岩）和粗粒火成伟晶岩中形成。它存在于富含石英的矿脉和砂矿中。蓝柱石偶尔被切割用作宝石。它不溶于酸，在火焰中也很难熔化。

**硅硼钙石**
【化学成分：$CaB(SiO_4)(OH)$】

晶系：单斜晶系
矿物习性：晶体通常为短棱柱状；集合体为致密块状、颗粒状
解理：无
断口：参差状至贝壳状
硬度：5 ~ 5.5
比重：2.96 ~ 3
颜色：白色、无色、淡绿色、淡黄色，杂质使矿物呈现红色、粉色或褐色
条痕色：无色
光泽：玻璃光泽；透明至半透明

下图　来自美国新泽西州的硅硼钙石

硅硼钙石形成于基性火成岩中的矿脉和晶洞中，与沸石矿物、方解石、石英和葡萄石共生，也可以出现在金属矿脉中，以及片麻岩、蛇纹岩和花岗岩的晶洞中。它溶于酸，加热时熔化，并使火焰变绿。

**硅铍钇矿 -（Y）**
【化学成分：$Y_2Fe^{2+}Be_2O_2(SiO_4)_2$】

晶系：单斜晶系
矿物习性：晶体通常呈棱柱状，表面粗糙，有时为扁平板状；集合体为致密块状、块状
解理：无
断口：贝壳状
硬度：6.5 ~ 7
比重：4.36 ~ 4.77
颜色：黑色、棕色、绿色、浅绿色
条痕色：绿灰色
光泽：玻璃光泽至油脂光泽；透明至半透明

下图　岩石基质中的硅铍钇矿

硅铍钇矿 -（Y）及其关系紧密的系列成员硅铍钇矿 -（Ce）和硅铍钇矿 -（Nd）在火成岩（特

别是酸性）中形成。特别是伟晶岩和花岗岩，与萤石和褐帘石共生。它也被发现在片岩等区域变质岩石中。硅铍钇矿系列矿物是提炼钇的重要矿石，钇元素和镧系元素非常相似，两者都是稀土元素的一部分。硅铍钇矿因为含铀杂质，通常具有轻微的放射性，可以溶解在酸中，但在火焰中不会熔化。

**黝帘石**【化学成分：$Ca_2Al_3[Si_2O_7][SiO_4]O(OH)$】

晶系：斜方晶系

矿物习性：晶体为棱柱状，通常具条纹；集合体为块状、柱状的、致密块状

解理：完全解理

断口：参差状至贝壳状

硬度：6 ~ 7

比重：3.15 ~ 3.36

颜色：白色、灰色、绿色、绿棕色、绿灰色、粉红色（锰黝帘石）、蓝紫色（坦桑黝帘石）、无色

条痕色：无色

光泽：玻璃光泽至珍珠光泽；透明至半透明

右图　来自坦桑尼亚的黝帘石变种坦桑黝帘石

下图　来自挪威的黝帘石变种锰黝帘石

右图　来自奥地利克恩滕州沃尔夫斯贝格绍山的黝帘石

黝帘石存在于许多类型的岩石中，包括片麻岩、片岩和大理岩等变质岩以及火成伟晶岩。它也会出现于石英脉中，并与硫化物矿物伴生。蓝紫色的坦桑黝帘石被用作宝石，其颜色可以随着加热而增强。锰黝帘石的粉红色是由所含的微量锰元素所致。黝帘石不溶于酸，可在火焰中熔化，并变成白色玻璃。

## 褐帘石－（Ce）【化学成分：$CaCe(Al_2Fe^{2+})[Si_2O_7][SiO_4]O(OH)$】

晶系：单斜晶系
矿物习性：晶体为板状、棱柱状、针状、叶片状，通常有双晶；集合体为块状、致密块状、颗粒状
解理：无
断口：贝壳状至参差状
硬度：5.5 ~ 6
比重：3.50 ~ 4.20
颜色：深棕色至黑色
条痕色：灰褐色
光泽：树脂光泽至亚金属光泽；半透明至不透明

褐帘石－（Ce）是绿帘石族的一员，以副矿物的形式出现在各种火成岩中，特别是在花岗岩和酸性伟晶岩中。它也可以出现在高级变质岩（如片麻岩）中。褐帘石的化学结构中可能含有稀土元素。含不同的稀土

下图　来自法国吕兹纳克的褐帘石

元素可以在名称中体现，如铈（Ce）、镧（La）、钕（Nd）或钇（Y）。其他可能出现在褐帘石中的元素包括铀和钍，这些元素使矿物具有放射性。当在火焰中加热时，褐帘石熔化并膨胀，并变成具有磁性的黑色玻璃。它可以溶解在盐酸中。

**绿帘石**【化学成分：$Ca_2(Al_2Fe^{3+})[Si_2O_7][SiO_4]O(OH)$】

晶系：单斜晶系
矿物习性：晶体为棱柱状，通常具条纹，也为板状、针状；集合体为块状、颗粒状、纤维状
解理：完全解理
断口：参差状
硬度：6 ~ 7
比重：3.38 ~ 3.49
颜色：通常为黄绿色、棕绿色、绿色、灰色、黑色
条痕色：无色或灰色
光泽：玻璃光泽至珍珠光泽或树脂光泽；透明至不透明

右图　来自美国阿拉斯加州威尔士亲王岛的绿帘石

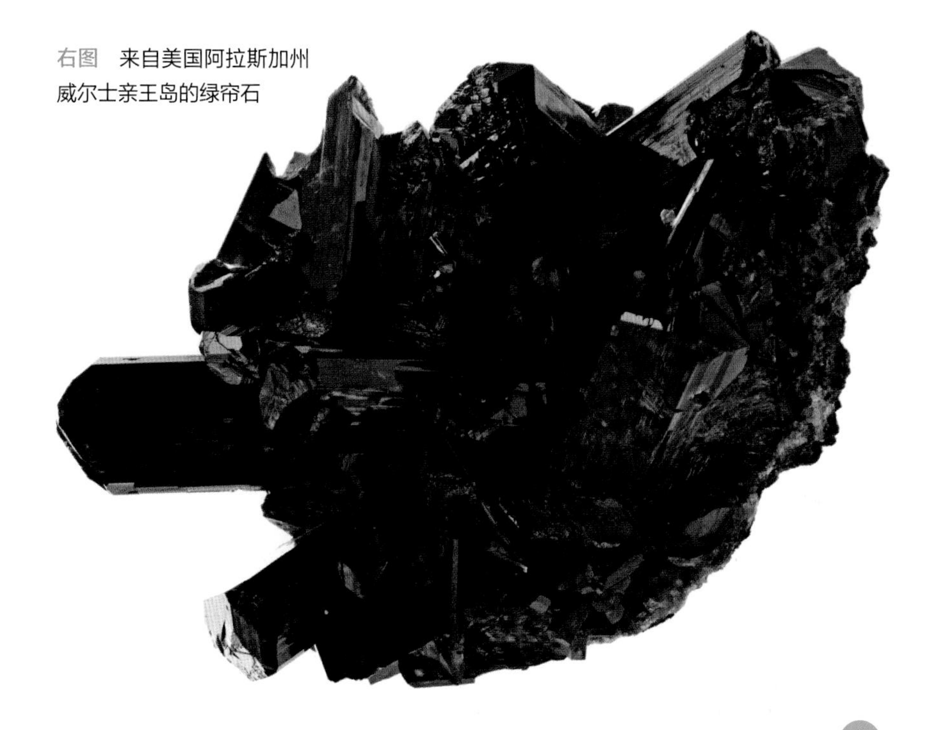

绿帘石产于变质过的火成岩、角闪岩和辉长岩中。它也是片岩和大理岩中常见的造岩矿物。绿帘石也可以因热液影响而由火成岩中的长石、闪石和辉石蚀变而来。它能显示出多色性，不同的方向会呈绿色至黄色。绿帘石不溶于酸，但可以在火焰中熔化。

**异极矿**【化学成分：$Zn_4Si_2O_7(OH)_2.H_2O$】

晶系：斜方晶系
矿物习性：晶体通常呈板状，有条纹，双端尖灭，晶体表现出异极性；集合体为块状、乳头状、钟乳石状、颗粒状
解理：完全解理
断口：半贝壳状至参差状
硬度：4.5～5
比重：3.48
颜色：无色、白色、蓝色、绿色、淡黄色，灰色、棕色
条痕色：无色
光泽：玻璃光泽至丝绢光泽或无光泽；透明至半透明

异极矿由含锌的原生矿物蚀变而来。伴生矿物有闪锌矿、方铅矿、白铅矿、菱锌矿、方解石、绿铜锌矿和铅矾。异极矿溶解在浓酸中，产生凝胶状沉淀物。当异极矿被加热时，脱去水分，但异极矿很难熔化。这种矿物的名字来源于它的异极性（在晶体双端分别显示不同形状的特性）。

上图　来自英国坎布里亚郡的异极矿

**斧石族**【化学成分：$Ca_2Fe^{2+}Al_2BSi_4O_{15}OH$（铁斧石）】

晶系：三斜晶系
矿物习性：晶体边缘锋利；少见块状集合体
解理：良好解理
断口：参差状至贝壳状
硬度：6.5 ~ 7
比重：3.25 ~ 3.28
颜色：黄色、棕色、红棕色、灰色、蓝色
条痕色：无色
光泽：玻璃光泽；透明至半透明

斧石是一个矿物族的名称。这里主要介绍最著名的斧石－（Fe）（或铁斧石）。它可以在大理岩中被发现，由石灰岩因接触变质作用蚀变而成。斧石是阿尔卑斯山变质作用的著名产物，也可产于花岗岩中。除了斧石－（Fe），该族还有斧石－（Mg），其含镁；斧石－（Mn），其含锰。斧石在火焰中很容易熔化，在加热的酸中会凝胶化。

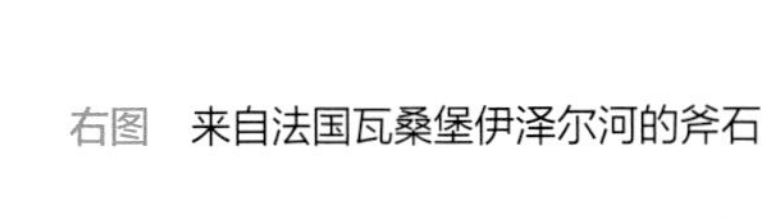

右图　来自法国瓦桑堡伊泽尔河的斧石

**符山石**【化学成分：$(Ca,Na)_{19}(Al,Mg,Fe)_{13}(SiO_4)_{10}(Si_2O_7)_4(OH,F,O)_{10}$】

晶系：四方晶系
矿物习性：晶体为棱柱状、锥形状；集合体为块状、柱状、颗粒状
解理：不清晰解理
断口：参差状至贝壳状
硬度：6.5
比重：3.32 ~ 3.43
颜色：绿色、棕色、黄色、红色、紫色、白色、蓝色
条痕色：白色
光泽：玻璃光泽至树脂光泽；透明至半透明

符山石产于变质岩和火成岩中，尤其是大理岩和正长岩以及一些超基性岩中。常与绿帘石、石榴石、透辉石、方解石、云母和硅灰石等多种矿物共生。符山石很容易熔化，变成绿色或棕色的玻璃，但它几乎不溶于酸。有一种通常为蓝色的种类叫青符山石，已经从符山石中独立出来，成为新的矿物品种。

右图　来自挪威的符山石

**绿柱石【化学成分：$Be_3Al_2Si_6O_{18}$】**

晶系：六方晶系
矿物习性：晶体为棱柱状，通常有锥形尖灭，常具条纹，有时尺寸很大；集合体为柱状、致密块状
解理：不清晰解理
断口：参差状至贝壳状
硬度：7.5 ~ 8
比重：2.63 ~ 2.92
颜色：无色、白色、绿色、黄绿色、黄色、粉色、红色、蓝色、绿蓝色
条痕色：白色
光泽：玻璃光泽；透明至半透明

右图　来自纳米比亚的绿柱石变种——海蓝宝石

绿柱石存在于花岗岩和伟晶岩中，也存在于云英岩、片岩和热液矿脉中。它的晶体有可能很大，曾经发现过长 6 米、重达 25 吨的单晶体。它被广泛用作宝石，根据颜色不同有不同

的名字。金绿柱石是一个黄色品种；海蓝宝石是蓝绿色或淡蓝色；祖母绿虽然颜色深浅不一，但大体是绿色的；红绿宝石是粉红色的；透绿柱石是一种无色透明的种类；红绿柱石是一种极为罕见的深粉红色品种。绿柱石不溶于酸。

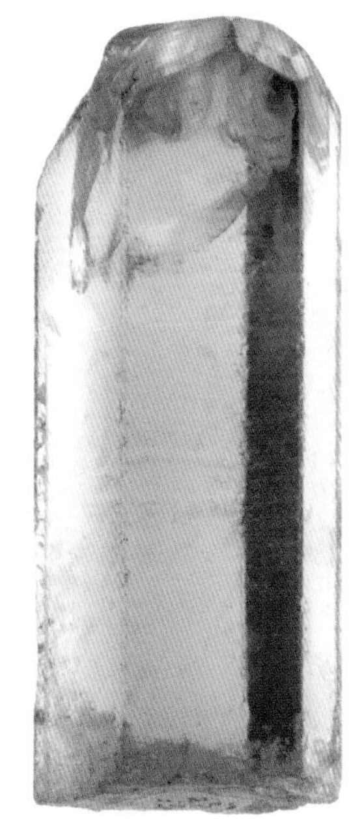

右图　来自巴西的绿柱石变种金——绿柱石

左图　来自哥伦比亚的绿柱石变种——祖母绿

下图　来自美国加利福尼亚州圣地亚哥县的绿柱石变种——红绿宝石

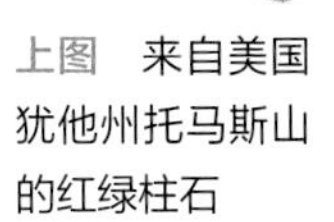

上图　来自美国犹他州托马斯山的红绿柱石

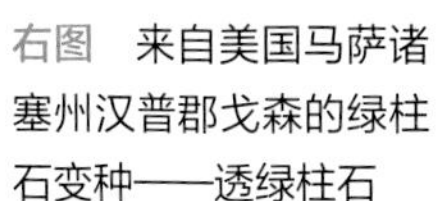

右图　来自美国马萨诸塞州汉普郡戈森的绿柱石变种——透绿柱石

**电气石族**【化学成分：$Na(Mg,Fe,Li,Mn,Al)_3Al_6(BO_3)_3Si_6O_{18}(OH,F)_4$】

晶系：三方晶系

矿物习性：晶体为棱柱状、针状，通常具条纹，有时具三角形横截面；集合体为块状、致密块状、颗粒状、纤维状

解理：不清晰解理

断口：参差状至贝壳状

硬度：7

比重：2.9 ~ 3.1

颜色：绿色、黄绿、棕色、黑色、粉色、红色，颜色丰富，可根据颜色进行种类划分

条痕色：无色

光泽：玻璃光泽至树脂光泽；透明、半透明、不透明

电气石族是一些密切相关且化学性质非常复杂的矿物总称，通常形成于花岗岩、花岗质伟晶岩和变质岩中。晶体有时可达到一米以上的尺寸。电气石与长石、绿柱石、锆石和石英等多种矿物共生。从化学性质上说，黑

上图　黑电气石

左图　来自意大利的锂电气石

电气石因富含铁而呈黑色，而镁电气石因含有大量镁通常呈棕色；锂电气石富含锂，可以有多种颜色，包括粉红色、绿色、蓝色或黄色。当电气石是粉红色并且质量好到可以刻面成宝石时，就被称为红电气石。表现出从粉红色到绿色的色变现象的品种通常被称为西瓜电气石。

下图　来自俄罗斯的电气石变种——红电气石

**绿铜矿**【化学成分：$CuSiO_3.H_2O$】

晶系：三方晶系
矿物习性：晶体为棱柱状，通常具菱形尖灭；集合体为块状和聚合状
解理：完全解理
断口：参差状至贝壳状
硬度：5
比重：3.28 ~ 3.35
颜色：绿色至蓝绿色和青绿色
条痕色：淡绿色 - 淡蓝色
光泽：玻璃光泽至油脂光泽；透明至半透明

下图　来自纳米比亚的绿铜矿

绿铜矿主要形成于富铜矿脉的氧化带内。它也可以在相邻岩石的晶洞中发现，通常与天然铜、白铅矿、钼铅矿、石英和孔雀石伴生。虽然它是一种易碎的矿物，但因其艳丽的绿色和良好的结晶习性而受到收藏家的追捧。绿铜矿可溶于盐酸和氨水，但在火焰中不熔化。

**黑柱石**【化学成分：$CaFe^{3+}Fe^{2+}_2(Si_2O_7)O(OH)$】

晶系：斜方晶系
矿物习性：晶体为棱柱状，有条纹，横截面呈菱形；集合体为块状、致密块状、柱状
解理：清楚解理
断口：参差状
硬度：5.5 ~ 6
比重：3.99 ~ 4.05
颜色：黑色、灰黑色
条痕色：黑色、褐色、绿色
光泽：亚金属光泽；不透明

黑柱石由岩石经接触变质作用蚀变而成，变质作用的引起原因既可以是岩浆侵入也可以是熔岩喷发，也可出现在正长岩和含锌、铜和铁的矿床中。这种矿物可溶于盐酸并凝胶化，在火焰中很容易熔化。

左图　来自中国内蒙古赤峰的黑柱石

**堇青石**【化学成分：$Mg_2Al_4Si_5O_{18}$】

晶系：斜方晶系
矿物习性：晶体为棱柱状，横截面为矩形；集合体为块状、致密块状、颗粒状
解理：清楚解理
断口：贝壳状
硬度：7 ~ 7.5
比重：2.6 ~ 2.66
颜色：蓝色、紫蓝色，灰色、绿色、黄色、棕色
条痕色：无色
光泽：玻璃光泽；透明至半透明

堇青石是由富铝岩石经热变质作用形成，特别是由富黏土沉积岩经变质作用形成的角页岩中。通常与石英、红柱石、黑云母、尖晶石、石榴石和硅线石伴生，它也可以在各种火成岩中出现，包括花岗岩、伟晶岩和安山岩，亦可出现在冲积砂矿中。堇青石通常具有多色性，不同角度看呈蓝色和黄灰色不等。当在火焰中时，只有试样的薄边才会熔化，其不溶于酸。

右图　来自挪威的堇青石

**蓝锥矿**【化学成分：$BaTiSi_3O_9$】

晶系：六方晶系
矿物习性：晶体为锥形、板状，晶面通常呈三角形；集合体为颗粒状
解理：不清晰解理
断口：贝壳状至参差状
硬度：6 ~ 6.5
比重：3.65
颜色：蓝色、紫色、粉红色、无色、白色
条痕色：无色
光泽：玻璃光泽；透明至半透明

蓝锥矿产于蛇纹岩、片岩和砂矿中。它是一种稀有矿物，与柱星叶石、钠长石和钠沸石共生。当置于紫外线下时，它会发出蓝色荧光。它具备多色性，根据观察角度的不同，呈蓝色或无色。

下图　来自美国加利福尼亚州圣贝尼托县的蓝锥矿

**顽火辉石**【化学成分：$MgSiO_3$】

晶系：斜方晶系
矿物习性：晶体为棱柱状；集合体为块状、纤维状或片状
解理：良好解理
断口：参差状
硬度：5 ~ 6
比重：3.2 ~ 3.9
颜色：无色、橄榄绿、黄色、棕色、灰色
条痕色：无色、灰色
光泽：玻璃光泽至珍珠光泽；透明至不透明

上图 来自挪威班布勒特勒马克的顽火辉石

下图 来自美国北卡罗来纳州韦伯斯特的顽火辉石变种——古铜辉石

顽火辉石属于辉石族矿物，是基性和超基性火成岩的常见组成部分，包括玄武岩、辉长岩和橄榄岩。它也存在于变质岩中，尤其是高级变质岩，亦存在于铁陨石和石陨石中。顽火辉石可以在晶洞中形成良好的棱柱状晶体，但极为罕见。它不溶于酸，极难熔化。古铜辉石是一种富含铁的顽火辉石。

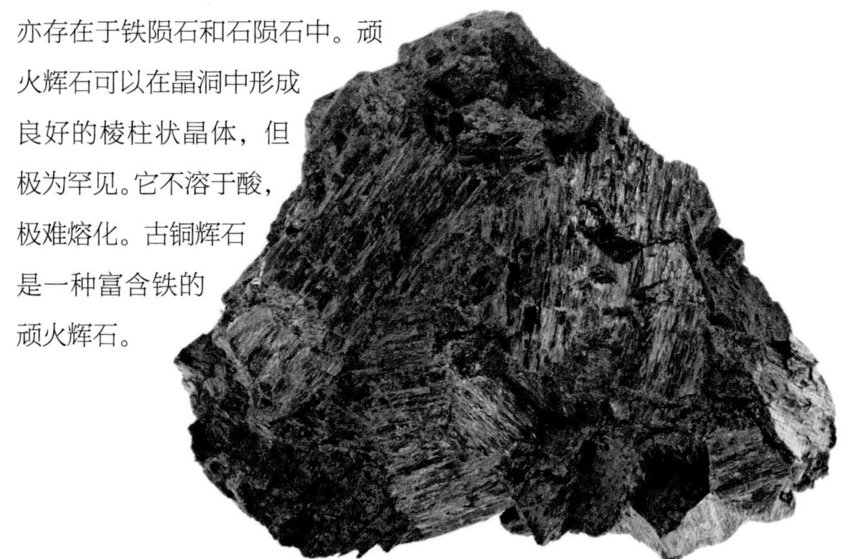

**透辉石**【化学成分：$CaMgSi_2O_6$】

晶系：单斜晶系
矿物习性：晶体棱柱状；集合体为块状、柱状、片状、颗粒状
解理：良好解理
断口：参差状至贝壳状
硬度：5.5 ~ 6.5
比重：3.22 ~ 3.38
颜色：无色、白色、灰色、浅绿至深绿色、棕色
条痕色：白色、灰色
光泽：玻璃光泽至无光泽；透明至不透明

下图　来自阿富汗的方解石中的透辉石

透辉石是辉石族的一员，是透辉石－铁钙辉石系列的富镁端元。它存在于变质岩中，尤其是富含钙的变质岩，也存在于某些基性和超基性火成岩中，包括玄武岩和辉长岩。透辉石不溶于酸，很难在火焰中熔化，熔化后形成绿色玻璃。

**铁钙辉石**【化学成分：$CaFe^{2+}Si_2O_6$】

晶系：单斜晶系
矿物习性：晶体为棱柱状；集合体通常为块状、片状
解理：良好解理
断口：参差状至贝壳状
硬度：5.5 ~ 6.5
比重：3.56
颜色：绿色、棕色、灰黑色、黑色
条痕色：白色、灰色
光泽：玻璃光泽至树脂光泽或无光泽；半透明至不透明

下图　来自奥地利的铁钙辉石

铁钙辉石是辉石族中透辉石－铁钙辉石系列的富铁端元。它形成在石灰岩被接触变质作用蚀变为大理岩的蚀变带中以及富含铁的变质岩中。伴生矿物包括方解石、绿帘石和石榴石。这种矿物也出现在火成岩中，包括花岗岩和正长岩，亦出现在陨石中。钙铁辉石不溶于酸，但在火焰中很容易熔化，并产生黑色磁性玻璃。

**普通辉石**

【化学成分：$(Ca,Mg,Fe)_2Si_2O_6$】

晶系：单斜晶系
矿物习性：晶体为棱柱状，通常有双晶；集合体为块状、颗粒状、致密块状
解理：良好解理
断口：参差状至贝壳状
硬度：5.5～6
比重：3.19～3.56
颜色：绿色、黑色、棕色、紫棕色
条痕色：灰绿色
光泽：玻璃光泽至无光泽；半透明至不透明

下图　来自意大利特伦蒂诺的普通辉石

普通辉石是辉石族矿物中广泛分布的造岩矿物。它在基性火成岩中很常见，尤其是玄武岩和辉长岩中，可能占岩石成分的近一半。普通辉石也出现在超基性岩和中性岩以及一些变质岩中。与其他辉石族矿物一样，晶体中有两个几乎垂直的解理面。这是一个很好的鉴定特点，用来和颜色非常相似的角闪石族区分开，因为角闪石族的两个解理面互相呈 120° 。普通辉石不溶于酸，极其难熔化。

**霓石**【化学成分：$NaFe^{3+}Si_2O_6$】

晶系：单斜晶系
矿物习性：晶体为棱柱状、条纹状、针状，通常有双晶；集合体为簇状或毡状
解理：良好解理
断口：参差状
硬度：6
比重：3.5 ~ 3.6
颜色：深绿色、棕色、黑色
条痕色：黄灰色
光泽：玻璃光泽至树脂光泽；半透明至不透明

下图　来自美国阿肯色州温泉县磁铁湾的霓石

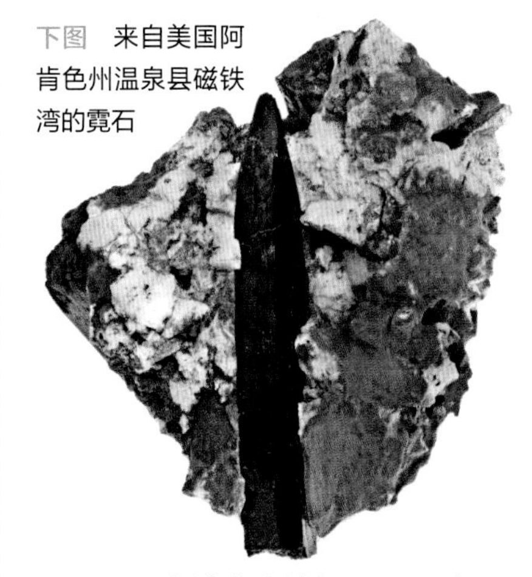

霓石也被称为锥辉石，形成于包括正长岩在内的中性火成岩中。也见于碳酸盐岩和包括片岩和片麻岩在内的一些变质岩中。这种矿物属于辉石族，与普通辉石同族。霓石不溶于酸，但很容易熔化，因为它含钠，可使火焰变成黄色。

**锂辉石**【化学成分：$LiAlSi_2O_6$】

晶系：单斜晶系
矿物习性：晶体为棱柱状，通常扁平，具条纹，有双晶，有时尺寸非常大；集合体为块状
解理：完全解理
断口：参差状至半贝壳状
硬度：6.5 ~ 7
比重：3.1 ~ 3.2
颜色：无色、白色、灰色、黄色、绿色、粉色、淡紫色
条痕色：白色
光泽：玻璃光泽至无光泽；透明至半透明

下图　来自阿富汗的孔赛石

锂辉石是辉石族矿物，其有两种颜色分类被归为宝石种：绿色的被称为希登石，更出名的则是淡紫色的孔赛石。锂辉石具有多色性，不同的角度会看到不同的颜色。它形成于伟晶岩中，与石英、长石、云母、电气石、黄玉和绿柱石共生。锂辉石常蚀变成黏土和云母。曾经发现过长度超过 15 米、重量超过 60 吨的晶体。锂辉石不溶于酸，但可在火焰中熔化，由于含锂使火焰变成红色。它作为一种锂矿石被人类开采，锂对电池制造非常重要。

右图　来自美国北卡罗来纳州亚历山大县的锂辉石变种——希登石

下图　来自美国马萨诸塞州切斯特菲尔德的锂辉石

**角闪石系列**【化学成分：$Ca_2(Fe,Mg)_4Al(Si_7Al)O_{22}(OH)_2$】

晶系：单斜晶系
矿物习性：晶体为棱柱状，通常有双晶，常有近六角形的横截面；集合体为块状、柱状、颗粒状、叶片状、纤维状
解理：完全解理
断口：参差状至半贝壳状
硬度：5 ~ 6
比重：3 ~ 3.4
颜色：绿色、绿棕色、黑色
条痕色：白色
光泽：玻璃光泽；半透明至不透明

角闪石是一组系列矿物的非正式名称，系列两个端元为铁角闪石和镁角闪石。它们属于闪石族矿物，是常见的造岩矿物。它们从外表上看类似于辉石族，但角闪石的解理面交角为 120°，而辉石为近 90°。这种矿物主要产于酸性火成岩中，也见于中基性和超基性岩中。角闪石可在某些高级变质岩中形成。它不溶于酸，但会在火焰中熔化，并形成绿色玻璃。

下图　来自马达加斯加的角闪石

**硬玉**【化学成分：$NaAlSi_2O_6$】

晶系：单斜晶系
矿物习性：晶体罕见，为棱柱状，通常有双晶和条纹；集合体呈颗粒状、块状
解理：良好解理
断口：参差状
硬度：6
比重：3.25 ~ 3.35
颜色：绿色、无色、白色、灰色、紫色
条痕色：无色
光泽：玻璃光泽至油脂光泽；透明至半透明

下图　翡翠

硬玉是辉石族的一员，产于被蛇纹石化蚀变的超基性火成岩和片岩中。它是一种玉，常被制成珠宝。当加热时，它很容易熔化，并生成一个透明的球体，但它不溶于酸。

**蓝闪石**
【化学成分：$Na_2Mg_3Al_2Si_8O_{22}(OH)_2$】

晶系：单斜晶系
矿物习性：晶体稀有，为棱柱状、针状；通常块状、柱状、纤维状、粒状
解理：完美
断口：参差状至贝壳状
硬度：5～6
比重：3～3.15
颜色：灰色、蓝黑色、蓝色
条痕色：灰蓝色
光泽：玻璃光泽至无光泽或珍珠光泽；半透明的

下图　来自法国布列塔尼莫比汉格罗瓦岛的蓝闪石

蓝闪石属于闪石族矿物，通常形成于中级变质岩的片岩中。常与白云母、绿泥石、绿帘石、铁铝榴石、翡翠伴生。蓝闪石不溶于酸，但会在火焰中熔化，并形成绿色玻璃。

**阳起石**【化学成分：$Ca_2(Mg,Fe^{2+})_5Si_8O_{22}(OH)_2$】

晶系：单斜晶系
矿物习性：晶体为叶片状或短粗状，通常有双晶；集合体为纤维状、放射状、柱状、块状、粒状
解理：良好解理
断口：参差状至半贝壳状
硬度：5.5～6
比重：3.03～3.24
颜色：浅至深绿色
条痕色：白色
光泽：玻璃光泽至无光泽；透明至不透明

右图　来自加拿大不列颠哥伦比亚省弗雷泽河的软玉

阳起石与闪石族矿物中的透闪石形成矿物系列。它出现在各种变质岩石中，特别是片岩和基性火成岩为源岩的变质岩（如蛇纹岩）。它也可能

是辉石矿物变质作用的结果。纤维状阳起石是石棉的一类。软玉则是玉的一种，是阳起石或透闪石的一种致密块状的种类。软玉不如硬玉坚硬，但颜色相似，从白色至深绿色不等。阳起石很难熔化，不溶于酸。

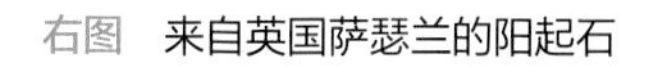

右图　来自英国萨瑟兰的阳起石

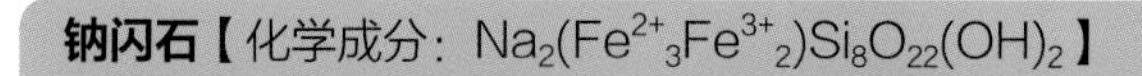

**钠闪石**【化学成分：$Na_2(Fe^{2+}_3Fe^{3+}_2)Si_8O_{22}(OH)_2$】

晶系：单斜晶系
矿物习性：晶体为棱柱状，具条纹；集合体为块状、柱状、粒状、纤维状，石棉状
解理：完全解理
断口：参差状
硬度：5 ~ 5.5
比重：3.28 ~ 3.44
颜色：深蓝色、黑色、灰色、棕色
条痕色：灰色
光泽：玻璃光泽或丝绢光泽；半透明至不透明

钠闪石存在于各种火成岩中，特别是花岗岩、正长岩和伟晶岩中。这种闪石族矿物也见于层状铁矿、变质岩中的片岩和片麻岩中。伴生矿物包括霓石、钠长石、透闪石、磁铁矿、赤铁矿、方解石和石英。纤维状的钠闪石（一种具多色性的种类）有时被称为青石棉，是危险的石

下图　基质中的钠闪石晶体

棉种类之一（是一级致癌物）。钠闪石不溶于酸，但很容易熔化，由于含钠使火焰呈黄色。

**透闪石**
【化学成分：$Ca_2Mg_5Si_8O_{22}(OH)_2$】

晶系：单斜晶系
矿物习性：晶体为叶片状或短粗状，通常有双晶；集合体为纤维状、柱状、放射状、块状、颗粒状
解理：良好解理
断口：参差状至半贝壳状
硬度：5～6
比重：2.99～3.03
颜色：无色、白色、灰色、绿色、粉色、褐色
条痕色：白色
光泽：玻璃光泽；透明至半透明

下图　来自美国康涅狄格州迦南的透闪石

透闪石是闪石族矿物中的一员，与阳起石关系密切，也是软玉的组成成分之一。当它为纤维状时，为石棉的一种。它存在于变质过的石灰岩中（尤其是含镁石灰岩）以及蛇纹岩中。透闪石不溶于酸，很难熔化，熔化后形成白色玻璃。

**钠铁闪石**【化学成分：$NaNa_2(Fe^{2+}{}_4Fe^{3+})Si_8O_{22}(OH)_2$】

晶系：单斜晶系
矿物习性：晶体为棱柱状，常呈板状；也可成聚合体状
解理：完全解理
断口：参差状
硬度：5～6
比重：3.3～3.5
颜色：蓝黑、黑色
条痕色：蓝灰色
光泽：玻璃光泽；不透明

钠铁闪石是闪石族矿物的一种。它通常出现在霞石正长岩、伟晶岩和片岩中。这种矿物不溶于酸，但很容易熔化，并形成磁性黑色玻璃。

下图　来自美国新罕布什尔州飓风山的钠铁闪石

**蔷薇辉石**【化学成分：$Mn^{2+}SiO_3$】

晶系：三斜晶系
矿物习性：晶体稀有，呈片状；集合体为块状、粒状、致密块状
解理：完全解理
断口：贝壳状至参差状
硬度：5.5 ~ 6.5
比重：3.57 ~ 3.76
颜色：粉红色、红色、棕红色，常含黑色脉纹
条痕色：白色
光泽：玻璃光泽至珍珠光泽；透明至半透明

上图　来自美国西伯利亚的蔷薇辉石

左图　来自澳大利亚新南威尔士州的蔷薇辉石

蔷薇辉石通常产于被交代作用、热液作用或变质作用蚀变过的富锰岩石中。它偶尔能形成大的晶体，与硅锌矿、方解石和锌铁尖晶石伴生。由于所含锰的氧化，蔷薇辉石会形成暗色脉纹。它不溶于酸，但可在火焰中熔化，并形成棕色或红色玻璃。蔷薇辉石常被用作工艺品。

**针钠钙石**
【化学成分：$NaCa_2Si_3O_8(OH)$】

晶系：三斜晶系
矿物习性：晶体为针状，呈球形放射状聚集，有时呈板状；集合体为块状
解理：完全解理
断口：锯齿状
硬度：4.5～5
比重：2.84～2.9
颜色：白色、无色
条痕色：白色
光泽：玻璃光泽至丝绢光泽；透明至半透明

针钠钙石形成于基性火成岩，尤其是细粒玄武岩的气孔中，与沸石类矿物（包括方沸石、菱沸石、钙十字沸石、片沸石和钠沸石）共生。它也出现在一些蛇纹岩和钙质变质岩中。当它溶解在盐酸中时，会产生一种硅质凝胶。如果在封闭容器中加热，水就会被释放出来，由于它含钠，燃烧时火焰为黄色。

右图　来自英国的针钠钙石

**硅灰石**【化学成分：$CaSiO_3$】

晶系：三斜晶系
矿物习性：晶体为板状，常有双晶；集合体为块状、颗粒状、纤维状、致密块状
解理：完全解理
断口：锯齿状
硬度：4.5 ~ 5
比重：2.86 ~ 3.09
颜色：白色、灰色，无色、淡绿色
条痕色：白色
光泽：玻璃光泽至珍珠光泽或丝绢光泽；透明至半透明

下图　来自加拿大魁北克里士满县阿斯贝斯托斯杰弗里矿场的硅灰石

硅灰石是接触变质作用形成的大理岩中的常见矿物。它能在这些岩石中产生漂亮的矿脉，与水镁石、石榴石、透闪石、透辉石和绿帘石共生。硅灰石也形成于一些火成岩中。它可溶于强酸，能在火焰中熔化，并形成透明玻璃。

**柱星叶石**
【化学成分：$KNa_2LiFe^{2+}{}_2Ti_2Si_8O_{24}$】

晶系：单斜晶系
矿物习性：晶体为棱柱状，通常具有方形横截面
解理：完全解理
断口：贝壳状
硬度：5 ~ 6
比重：3.19 ~ 3.23
颜色：黑色、深红棕色
条痕色：红棕色
光泽：玻璃光泽；不透明

右图　来自美国加利福尼亚州的柱星叶石

柱星叶石作为一种副矿物出现在中性火成岩（如正长岩）中，有时也出现在蛇纹岩中。它可以与异性石、钠沸石和蓝锥矿等矿物伴生。柱星叶石在盐酸中不能溶解，但很容易在火焰中熔化。

**叶蛇纹石**
【化学成分：$Mg_3(Si_2O_5)(OH)_4$】

晶系：单斜晶系
矿物习性：晶体非常小，为片状；集合体为块状、粒状、片状、柱状、叶状、致密块状、纤维状
解理：完全解理
断口：贝壳状，锯齿状
硬度：3.5 ~ 4
比重：2.5 ~ 2.6
颜色：白色、绿色、黄色、棕色、蓝色
条痕色：白色
光泽：树脂光泽，油脂光泽，蜡质光泽，珍珠光泽，土质光泽；半透明至不透明

叶蛇纹石属于蛇纹石亚族矿物。这是一类具有相同内部结构和相似化学性质的矿物。叶蛇纹石存在于蛇纹岩中，由超基性火成岩的蚀变而形成。通常与温石棉等纤维矿物共生。

下图　来自澳大利亚的叶蛇纹石

### 温石棉
【化学成分：$Mg_3(Si_2O_5)(OH)_4$】

晶系：单斜晶系
矿物习性：通常为块状或纤维状
解理：无
断口：纤维状
硬度：2.5
比重：2.53
颜色：绿色、白色、灰色、黄色、褐色
条痕色：白色
光泽：丝绢光泽或油脂光泽；半透明的

下图　岩石基质中的温石棉

温石棉是蛇纹石亚族的一员，产于蛇纹石化的岩石中。它是一种低温成因的蛇纹石矿物，在 250 摄氏度的温度下形成，叶蛇纹石则在更高的温度下形成。温石棉不熔于火焰，但溶于强酸。在全世界开采的所有石棉矿中，绝大多数是温石棉。当石棉中的纤维或灰尘颗粒吸入肺部时，就会导致癌症。

### 滑石【化学成分：$Mg_3Si_4O_{10}(OH)_2$】

晶系：三斜晶系
矿物习性：晶体为薄板状；集合体为块状、致密块状、叶状、纤维状、球状
解理：完全解理
断口：参差状
硬度：1
比重：2.7 ~ 2.8
颜色：绿色、灰色、白色、褐色
条痕色：白色
光泽：珍珠光泽至无光泽；半透明

下图　来自奥地利的滑石

滑石硬度为 1，它很容易被指甲划伤，摸起来有一种滑腻的感觉。滑石通常由超基性岩的蚀变作用和白云质石灰岩经接触变质作用形成。滑石的致密块状形态有个非正式的名称叫皂石，可以很容易地进行雕刻。粉状滑石被用来制作“滑石粉”。这种矿物不能在火焰中熔化，也不能在酸中溶解。

**硅孔雀石**【化学成分：$(Cu,Al)_2H_2Si_2O_5(OH)_4.nH_2O$】

晶系：斜方晶系
矿物习性：隐晶质，集合体为葡萄状、土状
解理：无
断口：参差状至贝壳状
硬度：2.5 ~ 3.5
比重：1.93 ~ 2.4
颜色：蓝色、蓝绿色、绿色
条痕色：白色
光泽：玻璃光泽，油脂光泽，土质光泽；半透明至不透明

硅孔雀石是一种相当常见的矿物，产生于铜矿脉的氧化带内。常与孔雀石、蓝铜矿、赤铜矿等铜矿伴生。当放置在火焰中时，因含铜使火焰呈绿色。硅孔雀石可在盐酸中溶解，形成硅质凝胶。科学家们对硅孔雀石的结晶性质仍有争论。

右图　来自墨西哥恰帕斯圣达菲矿的硅孔雀石

**白云母**

【化学成分：$KAl_2(AlSi_3O_{10})(OH)_2$】

晶系：单斜晶系

矿物习性：晶体为板状，通常具六角形横截面，常具双晶，有时晶体非常大；集合体为片状、鳞片状、致密块状、块状

解理：完全解理

断口：参差状

硬度：2.5

比重：2.77 ~ 2.88

颜色：无色、灰色、绿色、淡黄色、紫色、棕色、红色

条痕色：无色

光泽：玻璃光泽至珍珠光泽或丝绢光泽；透明至半透明

白云母是许多岩石中常见的矿物。其富集于酸性火成岩，如花岗岩和伟晶岩中，以及区域变质如片岩和片麻岩中。在一些伟晶岩中发现了粒径超过 30 米的超大晶体。许多砂岩的层理面上也含有小而薄的碎屑白云母。白云母不溶于酸，极难熔化。铬云母是一种富含铬的绿色品种，而淡云母是一种稀有的富锰品种，呈红紫色。

下图　来自巴西的白云母和微晶

**“黑云母”**

【化学成分：$KFe^{2+}_3(Al,Si_3O_{10})(OH)_2$】

晶系：单斜晶系

矿物习性：晶体为板状，常具六角形横截面；集合体为鳞片状

解理：完全解理

断口：参差状

硬度：2.5 ~ 3

比重：3.30

颜色：黑色、深棕色、红棕色

条痕色：棕白色

光泽：亚金属光泽、玻璃光泽、珍珠光泽；透明至半透明

“黑云母”并非严格意义上的矿物，而是因含有大量铁而呈深色的云母的非正式统称。其中含铁量最高的云母的正式名称为羟铁云母。然而，当富铁云母的确切成分未知时，地质学家还是会用“黑云母”一词。“黑云母”作为主要成分出现在许多火成岩中，包括花岗岩、伟晶岩、闪长岩和辉长岩。它

上图　来自俄罗斯的羟铁云母

上图　来自瑞士的黑云母

右图　来自斯里兰卡的金云母

也是许多区域变质岩石的重要组成部分，尤其是千枚岩、片岩和片麻岩。而在沉积岩中，它是一种存在于砂岩层理表面的碎屑矿物。黑云母很难熔化，只能在加热的浓硫酸中溶解。

其他云母包括金云母、锂云母和海绿石。金云母是一种褐色的，化学成分中缺乏铁的云母；锂云母是一种粉红色或紫色的含锂矿物的云母；海绿石含有钠，出现在沉积岩中的绿砂里并使其呈绿色。

**斜绿泥石**
【化学成分：$Mg_5Al(Si_3Al)O_{10}(OH)_8$】

晶系：单斜晶系
矿物习性：晶体为板状，常具六角形横截面；集合体为块状、叶状、粒状、土状
解理：完全解理
断口：参差状
硬度：2 ~ 2.5
比重：2.6 ~ 3.02
颜色：绿色、黄绿色、墨绿色、白色、粉紫色
条痕色：白色
光泽：玻璃光泽至珍珠光泽；透明至半透明

斜绿泥石属于绿泥石族矿物。它通常形成于区域变质岩石中，包括片岩和蛇纹岩，也形成于火成岩中，由热液对辉石、闪石和黑云母的蚀变而成。斜绿泥石溶于浓酸。当放在火焰中时，它不是熔化而是呈薄片剥落。粉紫色的斜绿泥石因为含有微量的铬，被称为铬绿泥石。

右图　来自俄罗斯车里雅宾斯克州阿赫马托夫斯克矿的斜绿泥石

**鲕绿泥石【化学成分：$(Fe^{2+},Mg,Al,Fe^{3+})_6(Si,Al)_4O_{10}(OH,O)_8$】**

晶系：单斜晶系
矿物习性：块状、鲕状、致密块状、粒状
解理：良好解理
断口：参差状
硬度：3
比重：3 ~ 3.4
颜色：绿色、灰色、黑色
条痕色：灰绿色
光泽：玻璃光泽至无光泽；半透明至不透明

右图　来自瑞士的鲕绿泥石

鲕绿泥石是绿泥石族矿物的一种。它存在于沉积岩中，尤其是铁矿床中，与菱铁矿、氧化铁和高岭石等黏土矿物伴生。当加热时，它会释放出水。

**高岭石【化学成分：$Al_2Si_2O_5(OH)_4$】**

晶系：三斜晶系
矿物习性：晶体很小，呈六角形板状或鳞片状；集合体为块状、致密块状、黏土状、土状
解理：完全解理
断口：参差状
硬度：1
比重：2.58 ~ 2.6
颜色：无色、白色、可能因含杂质呈黄色、红色、棕色或蓝色
条痕色：白色
光泽：珍珠光泽至无光泽或土质光泽；透明至半透明

下图　来自西班牙苏弗里耶尔山蒙特塞拉特的高岭石

高岭石是一类相关矿物亚族的名称。它通常富集于花岗岩中，由长石和其他铝硅酸盐经风化和热

液蚀变而来。高岭石不会在火焰中熔化，只会溶解在热浓硫酸中。它是一种极具商业价值的瓷器黏土。

**葡萄石**

【化学成分：$Ca_2Al_2Si_3O_{10}(OH)_2$】

晶系：斜方晶系
矿物习性：单个晶体很罕见，为板状、棱柱状、锥形状，常呈筒状或束状集合；集合体为颗粒状、肾形、葡萄状、钟乳石状
解理：清楚解理
断口：参差状
硬度：6 ~ 6.5
比重：2.8 ~ 2.95
颜色：绿色、白色、无色、黄色、灰色、淡蓝色
条痕色：白色
光泽：玻璃光泽至珍珠光泽；透明至半透明

葡萄石作为一种次生矿物形成于各种火成岩（如花岗岩、闪长岩）和变质岩（片麻岩、大理岩）中。它也出现在与热液活动有关的矿脉和晶洞中，通常与沸石矿物、针钠钙石、硅灰硼石和方解石共生。当置于火焰中时，葡萄石很容易熔化，并形成一个气泡状的黄白色玻璃。它可在盐酸中慢慢溶解。

右图　来自英国的葡萄石

**鱼眼石**【化学成分：$KCa_4Si_8O_{20}(F,OH).8H_2O$】

晶系：四方晶系
矿物习性：晶体为假立方体，棱柱状、锥形、板状，通常具条纹；集合体为块状、颗粒状、片状
解理：完全解理
断口：参差状
硬度：4.5 ~ 5
比重：2.33 ~ 2.37
颜色：无色、白色、粉色、绿色
条痕色：白色
光泽：玻璃光泽至珍珠光泽；透明至半透明

鱼眼石作为一种次生矿物形成于玄武岩熔岩的空腔中，与方沸石、方解石、葡萄石和辉沸石等其他矿物共生。它也被发现于包括花岗岩、片麻岩和石灰岩的许多岩石中，也会出现在热液矿脉中。当放置在火焰中时，鱼眼石很容易熔化，由于含钾而使火焰呈紫色。当它溶解在盐酸中时，就会形成富含二氧化硅的凝胶状球体。严格地说，鱼眼石是几种矿物的矿物族名，包括氟鱼眼石 -（K）、羟鱼眼石 -（K）和氟鱼眼石 -（Na）。

下图　来自德国哈尔茨安德烈亚斯伯格的鱼眼石

**白钙沸石**【化学成分：$NaCa_{16}Si_{23}AlO_{60}(OH)_8.14H_2O$】

晶系：三斜晶系
矿物习性：块状、凝块状、放射状
解理：完全解理
断口：参差状
硬度：2.5
比重：2.45 ~ 2.51
颜色：无色、白色
条痕色：白色
光泽：玻璃光泽；透明至半透明

白钙沸石是一种次生矿物，产生于受热液影响的玄武岩和流纹岩的晶洞中，和鱼眼石、水硅钙石和沸石等矿物共生。它可以形成粒径高达 30 厘米的球状或簇状集合体。

下图　来自英国的白钙沸石

**微斜长石【化学成分：$KAlSi_3O_8$】**

晶系：三斜晶系
矿物习性：晶体为棱柱状，尺寸大，也为板状，通常有双晶；集合体为块状、颗粒状、致密块状
解理：完全解理
断口：参差状
硬度：6 ~ 6.5
比重：2.54 ~ 2.57
颜色：白色、灰色、绿色、红色、粉色、黄色
条痕色：白色
光泽：玻璃光泽至珍珠光泽；透明至半透明

微斜长石是钾长石的一种，与正长石为同质二象，化学成分相同，但内部结构不同。其中有种漂亮的绿色品种被称为天河石。微斜长石是许多火成岩，特别是酸性花岗岩和伟晶岩以及中性正长岩的一种非常常见的成分。它也出现在变质岩中，包括片岩和片麻岩。微斜长石可以形成尺寸很大的晶体。这种矿物不能在火焰中熔化，只溶于氢氟酸。

右图　来自美国科罗拉多州的烟水晶上的微斜长石变种——天河石

**叶蜡石【化学成分：$Al_2Si_4O_{10}(OH)_2$】**

晶系：三斜晶系
矿物习性：晶体呈片状，常弯曲变形，或为放射状；集合体为叶状、纤维状、粒状、致密块状
解理：完全解理
断口：参差状
硬度：1 ~ 2
比重：2.65 ~ 2.9
颜色：白色、灰色、黄色、浅蓝色、绿色、棕绿色
条痕色：白色
光泽：珍珠光泽至无光泽；透明至半透明

叶蜡石在中级变质岩（片岩）中形成。伴生矿物包括天蓝石、蓝晶石、硅线石和红柱石。也会出现在热液矿脉中，和发云母、石英共生。叶蜡石摸上去有滑腻感，与滑石非常相似。它几乎不溶于酸，不会在火焰中熔化，加热时表面会裂解剥落。

下图　来自美国北卡罗来纳州巴丁市的叶蜡石

**星叶石**【化学成分：$K_2NaFe^{2+}_7Ti_2Si_8O_{26}(OH)_4F$】

晶系：三斜晶系
矿物习性：晶体呈叶片状，集合体为星状结构
解理：完全解理
断口：参差状
硬度：3
比重：3.2 ~ 3.4
颜色：棕色、青铜黄至金黄色
条痕色：淡黄色
光泽：亚金属光泽至珍珠光泽；半透明的

右图　来自俄罗斯摩尔曼斯克州的星叶石，呈星形放射状晶体

星叶石常产于热液矿脉和玄武岩、凝灰岩的晶洞中。它也形成于其他火成岩（如正长岩中），并与石英、长石、云母、榍石、锆石和钠闪石伴生。星叶石在酸中很难溶解，可在火焰中熔化，并形成磁性玻璃。

**正长石**【化学成分：$KAlSi_3O_8$】

晶系：单斜晶系
矿物习性：晶体为棱柱状、板状，尺寸大，通常有双晶；集合体为块状、颗粒状、片状
解理：完全解理
断口：参差状至贝壳状
硬度：6
比重：2.55 ~ 2.63
颜色：白色、无色、灰色、黄色、红色、绿色
条痕色：白色
光泽：玻璃光泽至珍珠光泽；透明至半透明

下图　来自美国科罗拉多州的正长石

正长石是钾长石的一种，通常出现在酸性火成岩（包括花岗岩、伟晶岩和流纹岩）中，也出现在正长岩和粗面岩等中性火成岩中。它也形成于许多变质岩中，特别是片麻岩和片岩，也会出现在各种源岩成因的碎屑沉积岩中。正长石很容易被热液和化学风化作用蚀变为黏土矿物。它只溶于氢氟酸，很难在火焰中熔化，并因含钾使火焰呈紫色。

**钠长石【化学成分：$Na(AlSi_3O_8)$】**

晶系：三斜晶系
矿物习性：晶体为板状，尺寸大，通常有双晶；集合体为块状、颗粒状、片状
解理：完全解理
断口：参差状至贝壳状
硬度：6 ~ 6.5
比重：2.6 ~ 2.65
颜色：白色、无色、灰色、蓝色、绿色、红色
条痕色：白色
光泽：玻璃光泽至珍珠光泽；透明至半透明

钠长石属于长石族的斜长石系列，是该固溶体系列的富钠端元。斜长石系列和钾长石系列一般通过它们的双晶形式进行区分。钠长石通常出现在许多火成岩（包括花岗岩、伟晶岩、流纹岩、正长岩和安山岩）中，也出现在变质岩（如片麻岩和片岩）中。钠长石亦存在于一些热液矿脉和碎屑沉积岩中。这种长石可以通过钠长石化形成，这是一种长石被热液作用转变成钠长石的过程。钠长石只溶于氢氟酸。它很难在火焰中熔化，并因含钠使火焰呈黄色。

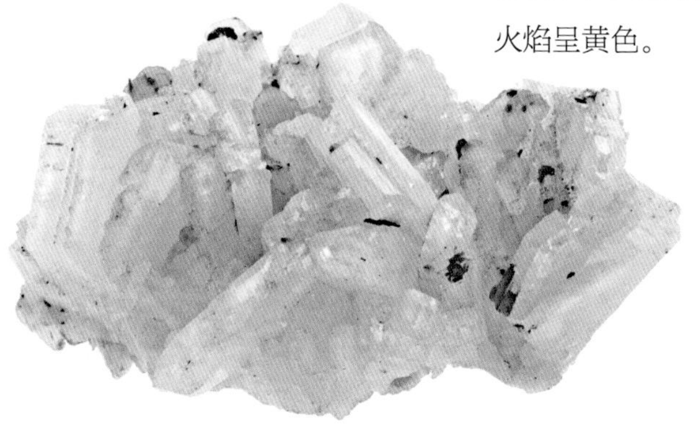

左图　来自巴西米纳斯吉拉斯莫罗韦尔霍矿的钠长石

**钙长石**【化学成分：$Ca(Al_2Si_2O_8)$】

晶系：三斜晶系
矿物习性：晶体为棱柱状，通常有双晶；集合体为块状、片状、颗粒状
解理：完全解理
断口：参差状至贝壳状
硬度：6 ~ 6.5
比重：2.74 ~ 2.76
颜色：无色、白色、灰色、略带红色
条痕色：白色
光泽：玻璃光泽；透明至半透明

钙长石是斜长石固溶体系列的富钙端元。其出现在比生成钠长石（富钠端元）更高温度成因的火成岩中。常见于基性火成岩（包括辉长岩、粒玄岩和玄武岩）中，也可以出现在一些变质岩和陨石中。钙长石易溶于盐酸。斜长石系列的两个中间成员是拉长石和中长石。前者以其绚丽的幻彩而闻名，这种被称为闪光现象的特征出现在其切割面上。

左图　来自英国的钙长石

下图　来自芬兰南卡雷利亚的马阿南部地区的拉长石

### 方钠石
【化学成分：$Na_4(Si_3Al_3)O_{12}Cl$】

晶系：立方晶系
矿物习性：晶体通常为十二面体，常具双晶；集合体呈块状、颗粒状、结节状
解理：不完全解理
断口：参差状至贝壳状
硬度：5.5 ~ 6
比重：2.27 ~ 2.33
颜色：无色、白色、绿色、蓝色、黄色、红色
条痕色：白色
光泽：玻璃光泽至油脂光泽；透明至半透明

下图　来自纳米比亚的方钠石

方钠石是一种似长石矿物，属于方钠石族，此族矿物还包括青金石和蓝方石。它形成于中性火成岩中，尤其是霞石正长岩。也出现在喷出岩和蚀变后的石灰岩中。它亦可以在一些陨石中被发现。方钠石可溶解在盐酸和硝酸中，形成硅质凝胶。其可在火焰中熔化，并形成无色玻璃，同时含钠使火焰呈黄色。

### 青金石
【化学成分：$Na_3Ca(Si_3Al_3)O_{12}S$】

晶系：立方晶系
矿物习性：晶体稀有，为十二面体；集合体为块状、致密块状
解理：不完全解理
断口：参差状
硬度：5.5
比重：2.4
颜色：深蓝、天蓝色、绿蓝色、紫色
条痕色：蓝色
光泽：树脂光泽；半透明的

下图　来自阿富汗的青金石

青金石是方钠石矿物族的一员，生成于受接触变质作用影响的石灰石中，常与方解石伴生。钠长石通常含有小颗粒的黄铁矿。它可溶于盐酸，可在火焰中熔化，并形成白色玻璃。青金石是一种似长石矿物。

**方柱石族**
【化学成分：$(Na,Ca)_4(Si,Al)_{12}O_{24}Cl$】

晶系：四方晶系
矿物习性：晶体为棱柱状；集合体为块状、颗粒状、柱状
解理：清楚解理
断口：参差状至贝壳状
硬度：5.5 ~ 6
比重：2.5 ~ 2.62（钠柱石）
　　　2.74 ~ 2.78（钙柱石）
颜色：无色、白色、灰色、蓝色、绿色、紫色、粉色、黄色、棕色
条痕色：白色
光泽：玻璃光泽至珍珠光泽或树脂光泽；透明至半透明

上图　方柱石

方柱石是一个矿物族的名字，其含钠柱石 - 钙柱石系列。钠柱石为富钠端元，钙柱石为富钙端元。方柱石矿物出现在区域变质岩（如片岩和片麻岩）中，也出现在一些接触变质岩中。这些矿物也能形成于伟晶岩和麻粒岩中。它们能在盐酸中溶解，在火焰中熔化。在紫外线下常能观察到橙黄色荧光。方柱石矿物偶尔被用来制作宝石。

**霞石【化学成分：$Na_3K(Al_4Si_4O_{16})$】**

晶系：六方晶系
矿物习性：晶体为棱柱状，横截面为六角形，表面粗糙；集合体为块状、致密块状、颗粒状
解理：不清晰解理
断口：半贝壳状
硬度：5.5～6
比重：2.6
颜色：无色、白色、灰色、绿色、黄色、红色
条痕色：白色
光泽：玻璃光泽至油脂光泽；透明至不透明

霞石存在于各种火成岩中，尤其是中性火成岩，包括霞石正长岩和伟晶岩。这种似长石矿物可在盐酸中溶解，产生富硅凝胶。霞石很难熔化，因其含钠，能使火焰呈黄色。

下图　霞石

**方沸石**
**【化学成分：$Na(AlSi_2O_6).H_2O$】**

晶系：三斜晶系
矿物习性：晶体为梯形、立方形；集合体为块状、颗粒状、致密块状
解理：不清晰解理
断口：半贝壳状
硬度：5～5.5
比重：2.24～2.29
颜色：无色、白色、灰色、黄色、绿色、粉色
条痕色：白色
光泽：玻璃光泽；透明至半透明

下图　来自英国康沃尔郡圣凯文迪安采石场的方沸石

方沸石是一种沸石族矿物。它形成于玄武岩熔岩中，与其他沸石共生，也可能是霞石和方钠石蚀变的结果。它也出现在碎屑沉积物中，包括砂岩和粉砂岩。方沸石可在浓酸中溶解，熔化后形成透明玻璃，由于含钠使火焰呈黄色。

**片沸石－（Na）**【化学成分：$(Na,Ca,K)_6(Si,Al)_{36}O_{72}.22H_2O$】

晶系：单斜晶系
矿物习性：晶体为板状，梯形；集合体为块状、颗粒状
解理：完全解理
断口：参差状
硬度：3～3.5
比重：2.2
颜色：无色、白色、灰色、黄色、红色、粉色、褐色
条痕色：白色
光泽：玻璃光泽至珍珠光泽；透明至半透明

片沸石－（Na）是片沸石亚族矿物中最常见的一种，此亚族矿物属于沸石族。大多数片沸石形成于玄武岩和安山岩中的晶洞中，与许多其他种类沸石共生，也可以出现在片麻岩和砂岩中。它们很容易溶解在盐酸中，形成富含二氧化硅的凝胶。加热时，它们可以熔化并释放出水。此亚族的其他成员的名字都是在片沸石后加上自身化学成分中最主要的元素名。比如片沸石－（Ca）、片沸石－（K）、片沸石－（Ba）和片沸石－（Sr）。

下图　来自英国的片沸石

**钠沸石**
【化学成分：$Na_2Al_2Si_3O_{10}.2H_2O$】

晶系：斜方晶系
矿物习性：晶体为细长棱柱状，常见针状，具条纹；集合体为块状、颗粒状、致密块状
解理：完全解理
断口：参差状
硬度：5 ~ 5.5
比重：2.2 ~ 2.26
颜色：无色、白色、灰色，少见淡黄色、淡红色
条痕色：白色
光泽：玻璃光泽至珍珠光泽；透明至半透明

钠沸石出现在玄武岩熔岩的晶洞中，和其他沸石矿物共生。钠沸石也可以通过正长岩中的方钠石和霞石以及细晶岩和粒玄岩中的斜长石的蚀变而成。在蛇纹岩的热液矿脉中也有发现。钠沸石可溶于浓酸，可熔化并形成透明玻璃，由于含钠火焰呈黄色。当放在紫外线下时，它会发出橙色的荧光。

下图　来自法国马曼特岛的钠沸石

**辉沸石－（Ca）**【化学成分：$NaCa_4(Si_{27}Al_9)O_{72}.28H_2O$】

晶系：单斜晶系
矿物习性：晶体通常呈束状聚集体，呈十字形贯穿双晶；集合体为块状、球状、刃形
解理：完全解理
断口：参差状
硬度：3.5～4
比重：2.19
颜色：白色、灰色、淡黄色、粉色、红色、橙色、棕色
条痕色：白色
光泽：玻璃光泽至珍珠光泽；透明至半透明

辉沸石－（Ca）属于沸石族矿物。它出现在玄武质和安山质熔岩的晶洞中，也可形成于花岗质伟晶岩中，亦可出现在变质岩的热液矿脉中以及温泉周围的沉积物中。辉沸石－（Ca）很容易熔化成浅色玻璃，并可溶于盐酸。它与其密切相关的辉沸石－（Na）形成矿物系列。

下图　来自冰岛贝鲁福河的辉沸石